JN154562

國本佳範――編著

ハダニ防除ハンドブック

失敗しない殺ダニ剤と天敵の使い方

農文協

ハダニ発生のサインを知ろう！

体長約 0.5mm と極小で葉裏にいるハダニは早期発見が難しく、作物の小さな変化から発生を察知する観察力が重要だ。本書では、この観察力を「ハダニ認識年齢」と呼ぶ（詳細は12ページ）。ここに掲げる発生のサインを知ることは、観察力UP（認識年齢の若返り）の第一歩。いずれの作物も、初発のサインは葉表のカスリ状の小白斑や、かすかな黄化だ。

イチゴ　写真の品種はいずれも‘アスカルビー’

ナミハダニ（黄緑型*、以下すべて）による葉の吸汁痕

葉裏から吸汁されると葉表にかすかな黄化（初期は小白斑）が現われる。

*ナミハダニには体色が異なる２つのタイプ（黄緑型と赤色型）がいるが、幅広い作物でよく問題になるのは黄緑型で、薬剤抵抗性の発達が著しい

ナミハダニによる葉裏と葉表の吸汁痕

葉裏に褐変、葉表にカスリ状の小白斑が見られる。小白斑は初発のサインだが、‘さがほのか’‘古都華’などの品種では出にくいので要注意。

ナミハダニの糸張りが見られる被害株

新葉が萎縮し、株全体がすくんでいく。

ナミハダニ多発時の葉縁での糸張り

この状態で気づいても手遅れ。殺ダニ剤も付着しにくい。

野菜・花き

ハダニ発生のサインを知ろう！

キク

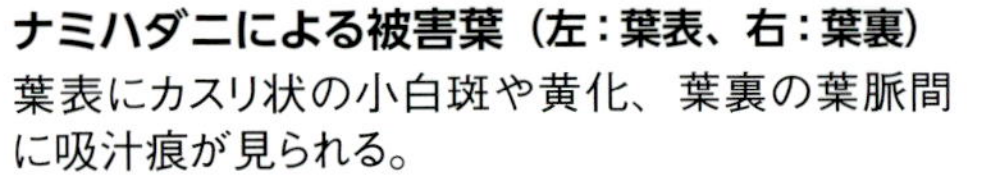

ナミハダニによる被害葉（左：葉表、右：葉裏）
葉表にカスリ状の小白斑や黄化、葉裏の葉脈間に吸汁痕が見られる。

葉上で吸汁するナミハダニ
吸汁箇所は葉緑素が抜けて小白斑となる。

バラ

ナミハダニ発生初期の被害葉
被害が進むと小白斑が葉全体に広がる。

ナス

カンザワハダニによる葉裏の吸汁痕
葉表には針で突いたような小白斑が現われる。

スイカ

カンザワハダニによる被害葉
（写真提供：杉浦哲也）
吸汁箇所は退色・黄変する（他のウリ類も同様）。

ハダニ発生のサインを知ろう！

果樹・チャ

リンゴ

ナミハダニによる被害葉（舟山健撮影、以下F）
葉裏が褐変する。

リンゴハダニによる被害葉（F）
葉表がカスリ状に白化する。

果実に付着したナミハダニ越冬虫（F）
商品価値が低下する。低温期のナミハダニはオレンジ色。

カンキツ

ミカンハダニに吸汁された葉
（増井伸一撮影、以下M）
吸汁箇所の葉緑素が抜けて小白斑となり、葉全体に広がる。

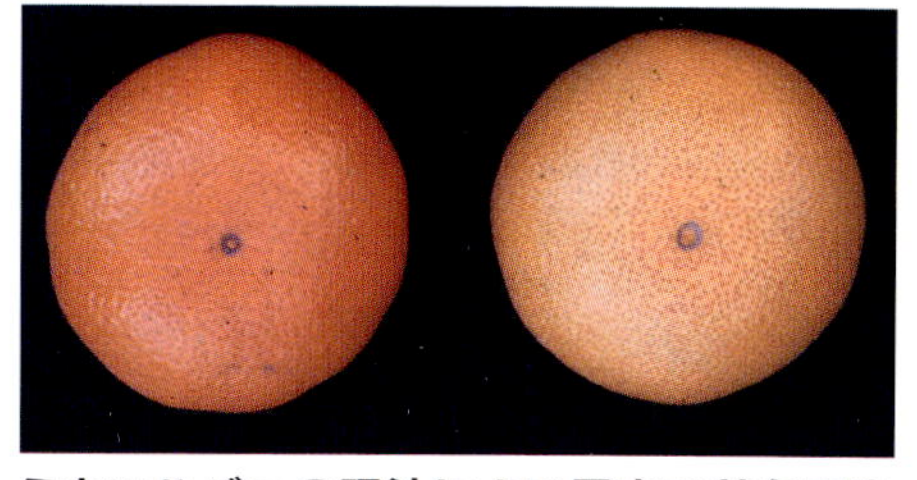

ミカンハダニの吸汁による果実の着色不良（右）（M）
吸汁により果実全体が白っぽくなる。

チャ

カンザワハダニによる一番茶芽の被害
（小澤朗人撮影、以下O）
新葉が黄化し、褐色の汚点が出る。

体色で防除法がわかる！　主なハダニ5種

作物の変化に気づいたら、葉裏をチェックしよう。虫眼鏡やルーペがあれば、ハダニを確認できる。ハダニの色で防除の方針が決まる。赤ダニ（多くはカンザワハダニ）は殺ダニ剤で防げるが、白ダニ（ナミハダニ黄緑型）は薬剤抵抗性の発達が顕著で、天敵活用の検討が必要だ（詳細は 16、18 ページ）。

赤ダニ
殺ダニ剤で防げる

カンザワハダニ雌成虫（O）
体長約0.53mm、体色はくすんだ赤色、左は第2若虫、手前は卵。「赤ダニ」の代表格。野菜、花き、果樹に発生。

ミカンハダニ雌成虫（M）
体長約0.4 ～ 0.5mm、体色は赤色、胴背毛の生え際に濃赤色のコブ。カンキツなどに発生。

クワオオハダニ雌成虫
（写真提供：岸本英成）
体長約0.5mm、体色は黒赤色、胴背毛の生え際に淡赤～朱色のコブ。ナシなどに発生。

リンゴハダニ雌成虫（F）
体長約0.4mm、体色は暗赤～小豆色、胴背毛の生え際に白色のコブ。リンゴに発生。

白ダニ
殺ダニ剤が効きにくい

ナミハダニ（黄緑型）雌成虫
体長約0.6mm、体色は淡黄緑色、胴部に2つの黒紋。「白ダニ」と呼ばれる。野菜、花き、果樹に発生。

ナミハダニの雌成虫（右）と雄成虫（左）
雄成虫は体長約0.45mm（ハダニ類の雄は、総じて雌より体が細く小さい）。

これがハダニの天敵だ！

イチゴの主産地では、すでに天敵が大活躍！　大事なのは、各種ダニ類や花粉を食べるミヤコカブリダニと、ハダニだけ食べるチリカブリダニの使い分け。前者はハダニ発生前から花粉などを食べて活動でき、後者は捕食能力が高いが、ハダニがいないと餓死する。両者の連携プレーが決め手！（詳細は62ページ）

ミヤコカブリダニ雌成虫

体長約0.35mm。製剤として市販。花粉も餌にしてハダニを探し回る。ハダニが少ない段階で放飼（リリース）できる。

チリカブリダニ雌成虫

体長約0.5mm。製剤として市販。ハダニが増えたら本種の出番! 南米チリ・地中海沿岸原産。

イチゴ葉上のチリカブリダニ

左は本種に体液を吸汁され、干からびたナミハダニ。

イチゴに設置されたバンカーシート（試作品）

カブリダニを灌水や薬剤散布から守り、産卵場所にもなる防水紙の容器。カブリダニを長期間放出するので、放飼がカンタン!

ハダニアザミウマ雌成虫（写真提供：福井俊男）

体長約1mm。日本中にいる土着天敵。天敵に優しい農薬に替えるだけで増えるので、育苗期のイチゴで活躍中。

果樹園の土着天敵活用

天敵に優しい農薬に切り替え、下草を維持するだけで、カブリダニ類など土着天敵が増え、ハダニを抑えてくれる（詳細は 68、74、76 ページ）。北と南で発生種が異なるので、リンゴ園とカンキツ園の例を示す。土着天敵を増やそう！

リンゴ園　シロクローバーで土着カブリダニ類の天国に

ミチノクカブリダニ雌成虫（F）
体長約0.35 ～ 0.4mm。下草にいてハダニの樹への移動を防ぐ（リンゴを目指すハダニにとって第一の壁）。

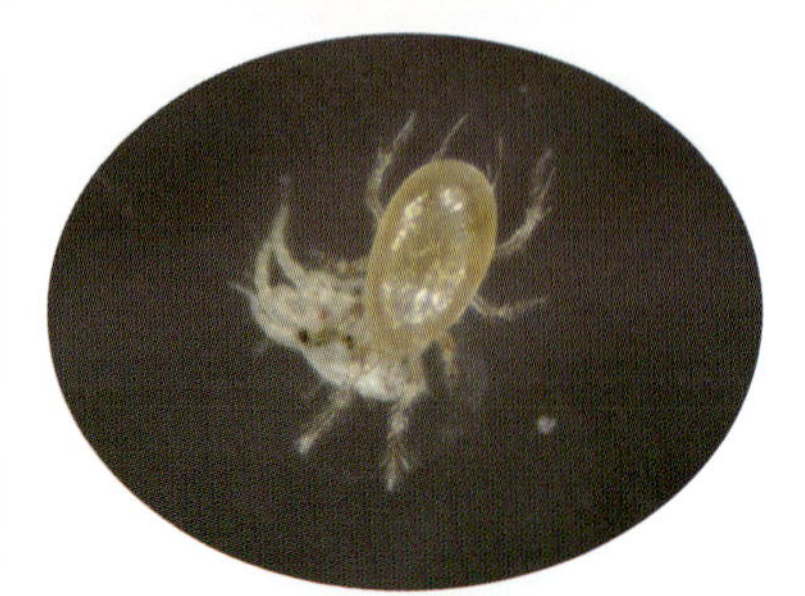

ナミハダニを捕食するミチノクカブリダニ（F）

フツウカブリダニ雌成虫（F）
体長約0.35 ～ 0.4mm。ミチノクカブリダニを突破したハダニが樹上に定着するのを防ぐ（第二の壁）。

ケナガカブリダニ雌成虫（F）
体長約0.35mm。フツウカブリダニだけでは抑えきれなくなったハダニを短期間で成敗（第三の壁）。

シロクローバーを播種したリンゴ園（F）
下草があると、カブリダニが増える。シロクローバーなら作業の邪魔にならず、景観も損ねない。除草は損と心得よう。

どこにもいてタダで有効！

カンキツ園　ナギナタガヤでミヤコカブリダニが増える

ミヤコカブリダニ雌成虫（M）
体長約0.35mm。慣行防除園の土着天敵の主要種。

ナギナタガヤ草生栽培（5月）（M）
ミヤコカブリダニの越冬密度を高め、樹上での発生時期を早められる。

ダニヒメテントウ類の成虫（左）と幼虫（右）（M）
成虫は体長約1.2～1.5mm。成・幼虫ともにダニ類をよく食べ、捕食能力は高い。慣行防除園でも発生。

ケシハネカクシ類の成虫（左）と幼虫（右）（M）
成虫は体長約1mm程度。成・幼虫ともにハダニを食べる。慣行防除園でも発生。

ニセラーゴカブリダニ雌成虫（左）とコウズケカブリダニ雌成虫（右）（M）
いずれも体長約0.35～0.4mm。有機栽培園で発生し、ミカンハダニを低密度に維持。

薬剤の散布と抵抗性対策

薬液は葉裏にかかっているか

葉裏への薬液付着が不十分だと、防除効果が低いばかりか、散布回数が増えて、殺ダニ剤が効かないハダニを増やしてしまう。

ストロベリーノズルによる薬剤散布

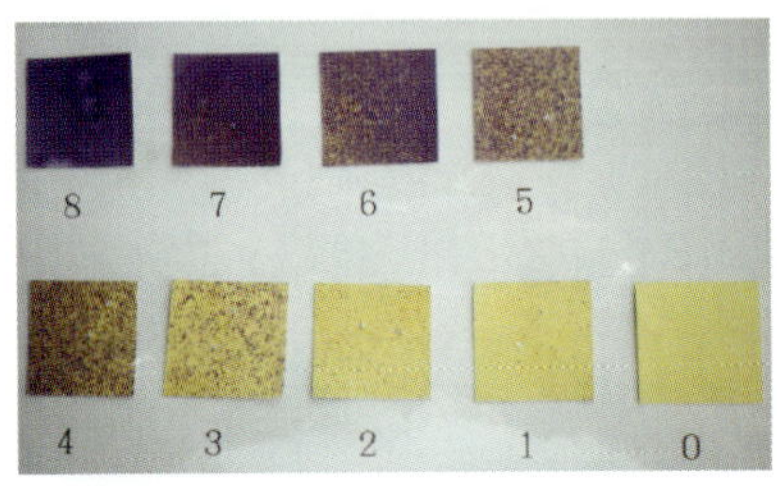

感水紙への散布薬液の付着程度

0～8まで9段階。付着目標は3だが、葉裏は1か2の人がほとんど。1か2かでハダニの産卵数は桁違い（13倍!）。

通路に寝転がった状態からの葉裏の見え具合

どの部位がかけにくいかを知っていると、付着結果に大きな差が生じる。

究極の薬剤抵抗性対策

殺ダニ剤に代わる防除法として期待される高濃度炭酸ガス処理と紫外線照射。安定した効果が期待でき、抵抗性も発達しない。

①イチゴ苗をコンテナに収納して段積み

②アルミ蒸着シートで覆い、高濃度炭酸ガスを25℃で24時間処理

高濃度炭酸ガス処理（写真提供：村井保）

成虫にも卵にも効果がある。イチゴには薬害が出にくい。

紫外線（UVB）照射（静岡県農林技術研究所内）

（写真提供：土井誠）

夜間3時間の照射で、ハダニの卵の孵化を抑制できる。

まえがき

「最近どうも殺ダニ剤の効きが芳しくない」。そう感じる方が増えているようだ。

これまでいくつもの害虫防除の講習会を受け持ってきたが、そこでは「どの薬剤がおすすめか」「A剤を使っているが今一つなので、何に変えたらいいか？」という質問が多かった。これに対して、筆者も若いころは「おすすめはC剤でしょう」「A剤がダメならB剤に切り替えましょう」と答えていた。これが失敗の始まりだ。あのころは筆者も、ハダニ防除は効果の高い殺ダニ剤を散布することだと思い込んでいた。

しかし、ある講習会で農家から出された質問に答えられなかったのが、本書の出発点である。キクのハダニ防除で薬液の葉裏への付着がいかに重要かを説明した筆者に、農家のYさんがこう言ったのだ。

「先生、そう言うが、販売されたばかりの殺ダニ剤は、薬液の霧がかかっただけでも十分に効果がある。効果がなくなっても新しい殺ダニ剤に替えたら、同じかけ方で効く。結局、殺ダニ剤の問題だろう」

新しい殺ダニ剤開発が難しい今日、こんな使い捨てのようなやり方は通用しないが、このときは何も答えられなかった。

その後、筆者らはキクに寄生するハダニの薬剤感受性を調べ、農家の圃場ごとにハダニの感受性と発生の仕方が違うことを突き止めた。散布技量と殺ダニ剤の使い方によって、同じ産地の中に殺ダニ剤の効果を維持できない農家と、維持できる農家がいるのだ。

本書では、まずハダニの特徴と、なぜ厄介な相手なのかを見ていく。高い増殖能力は、増え続けないと滅んでしまうほど自然界では弱い存在であることの裏返しである。その弱いハダニに害虫になる環境を与えているのは人である。

殺ダニ剤散布によるハダニ防除は、じつは難しい技術である。①ハダニの生活サイクルの把握、②有効な殺ダニ剤の選択、③散布動作の改善による葉裏への薬液付着、という三つの条件をクリアしなければならない。

まず、真に効果的な薬剤散布のために必要な心構えと技量について説明したい。

その上で、薬剤抵抗性が問題となっているナミハダニへの対策を考えていこう。ただでさえ難しい殺ダニ剤散布に、薬剤抵抗性の発達が加われば、防除法の転換しかない。まず、広く普及しているカブリダニ製剤を利用したハダニ防除について、おさらいする。次に、天敵に優しい殺虫剤で土着天敵のカブリダニを保護してハダニを防除する方法について説明する。そして、もう一つの切り札、物理的防除法について、主にイチゴでのナミハダニ防除を前提に、炭酸ガス処理と紫外線照射について紹介する。

最後に、ハダニが問題となる野菜、花、果樹の品目ごとに、具体的な防除法を提案する。まだ完全に実用化できていない技術も思い切って紹介した。殺ダニ剤によるハダニ防除が限界に近いことから、不完全でも可能性のある方法を紹介し、読者の中で興味を持ってくれた方が、この点を踏まえてチャレンジしてくれることを期待している。

ハダニは、野菜、花、落葉果樹、常緑果樹、チャはもちろん、街路樹や庭木、はてはオフィスや喫茶店に置かれた貸し鉢の観葉植物に至るまで、幅広い作物に寄生できる。その環境への適応力や1頭からでも個体数を回復させる繁殖能力、糸を使った巧みな移動能力、高度な薬剤抵抗性を発達させる複雑なメカニズムなど、何をとっても大害虫たる資質を備えている。と同時に、ハダニは人が創り出した害虫でもある。創り出した以上は、制御もできるはずだ。知恵を出し合って立ち向かっていこう。

目次

■写真撮影　Fは舟山健、Mは増井伸一、Oは小澤朗人、
記載なしはすべて國本佳範
■イラスト　トミタ・イチロー

変わるハダニ、変わる防除

人はなかなか成長しない。大人になるまで20年もかかるし、大人になっても同じ失敗を繰り返す。一方、ハダニはどんどん変わる。およその目安だが、人の1世代を30年、ハダニの1世代を10日とすると、人が生まれてから子を産むまでの間に、ハダニは1095回も世代交代する。これだけあれば、そりゃ変われるでしょ。短時間で卵から成虫に育ち、産卵、増殖を繰り返せる強みを活かして、どんどん変化している。

これに対して人は、買ってしまった殺ダニ剤の効き目が今一つでも最後まで使いきりたいし、一度身についた散布動作を改めるのは大変だ。殺ダニ剤に慣れた人がカブリダニ製剤に切り替えるには相当の勇気が要る。結局、言い訳ばかりで変われない。しかし、相手はどんどん変わっている。人も変わらなきゃ、とても太刀打ちできない。まず、敵を知り、変化の必要性を確認しよう。

1 殺ダニ剤の効果に異変

(1)「まけば防げる」は昔の話

２０３X年の5月28日、駆け出しの花担当普及員のK君は、担当のキク産地を巡回中だ。キク栽培30年のベテランTさんは、K君にいろいろなことを教えてくれる先生でもある。

「Tさん、昔はハダニ防除に殺ダニ剤という農薬を散布していたんですか？」

「そうや。軽トラックの荷台に載せた３００ℓくらい入る桶に水を張って、そこに殺ダニ剤を溶かしてな。動力噴霧機という機械で圧力かけて、１００ｍもあるホースを引っ張って、通路から薬をまくのや。ホース引くのは重いし、暑い夏に作業するのはしんどかったな」

「それだけ苦労して散布したら、殺ダニ剤はよく効いたんですか？　ハダニに」

「それや。新しく出た殺ダニ剤はよう効いたんやけど、そのうち効かんようになってきてな。別の薬に替えなあかん。けど、それもまた効かんようになる。その繰り返しや」

「じゃあ、今の土着のカブリダニで防除する方法はいつごろから始まったんですか？」

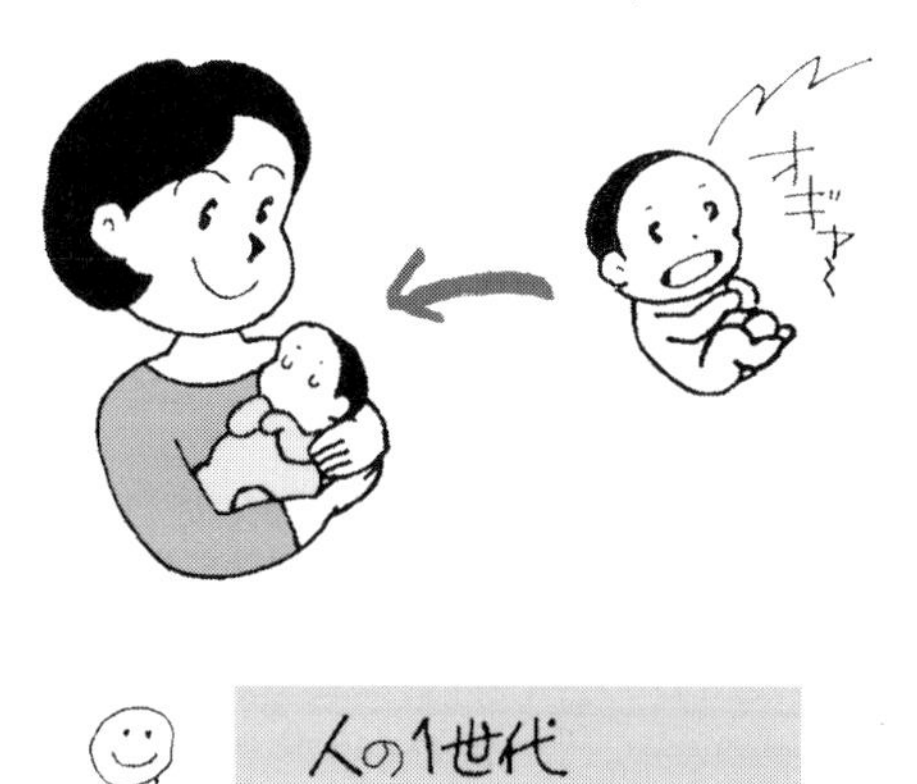

「そやな、10年ほど前か、うちの産地でハダニに効く殺ダニ剤が一つもなくなったんや。何をまいても水みたいなもんや……」

これは架空の話だが、まるでつくり話というわけでもない。殺ダニ剤によるハダニ防除が当たり前だった時代、各地で「この剤さえまいておけば大丈夫」という話を普通に聞いた。しかし今、それが難しくなってきている。「何を脅しみたいなことを」と言う人はラッキーなだけかもしれない。後述するナミハダニ（黄緑型）は、全国のイチゴ、キク、バラ、リンゴ、ナシなどで殺ダニ剤では防除できない事例が続出している。早く手を打たないと手遅れになってしまう可能性もある。

(2) 殺ダニ剤はますます短命に

筆者が駆け出し普及員だった1980年代、農家が使用していた殺ダニ剤はケルセン、オサダン、オマイト、ニッソランなどが中心だった。そのころは今ほどハダニ防除に躍起になっていなかった。その後、ダニトロン、ピラニカ、サンマイトが出て、「これでハダニ防除は大丈夫だ！」と思ったのも束の間、すぐに評判は低下してしまった。ハダニの相談が増え始めたのも、このころだ。コテツの切れ味がよかった期間も短く、バロックも長持ちはしなかった。鳴り物入りで迎えたダニサラバ、スターマイトも短命で、マイトコーネは孤軍奮闘、コロマイト、アファームも風前の灯火か……というのが、奈良県の促成イチゴやキク、バラ栽培での正直な感想である。

今、農薬メーカーが新しい殺ダニ剤を一つ開発するのにかかる経費は100億円を超えると言われている。これだけの経費をかけて開発した殺ダニ剤が、わずか数年で効かなくなると、農薬メーカーは開発経費を回収できなくなる。そうなると新しい殺ダニ剤の開発をやめてしまうかもしれない。こんな話が現実味を帯びてくるほど、殺ダニ剤抵抗性の問題は深刻で、その中心はナミハダニだ。もちろんカンザワハダニやミカンハダニなども問題だが、カンザワハダニでは20年前に低下していたダニトロンやピラニカの効果が回復している検定事例もあり、深刻さのレベルが違うように感じる。

(3) ミナミキイロアザミウマという先例

とくに防除が難しいと言われたミナミキイロアザミウマの防除の歴史は、ハダニ防除でも天敵製剤や土着天敵が主流になることを示唆している。

1980年代、露地ナスをはじめ、多くの果菜類、花き類で大問題となったミナミキイロアザミウマ。当時はマラバッサやアグロスリンなどの連続散布で防除しようとしていた。しかし、これらの殺虫剤は土着天敵に長期間悪影響を及ぼした上に、いずれも効果が低下していき、疲れ果ててナス栽培をあきらめる農家も出始めた。

そんなときに現われた救世主がアドマイヤー水和剤である。抜群の効果、定植時の粒剤処理と水和剤散布の防除体系で、ほぼ完璧にミナミキイロアザミウマを抑え込んだ。多くのナス農家は「やっぱり、効果の高い殺虫剤さえあれば、難防除害虫も防除できる」と再確認した。余談だが、アドマイヤーが販売される直前、各府県の農業試験場では、殺虫剤以外のさまざまな防除法開発を進めていた。たとえば、岡山県の永井一哉博士は土着天敵ヒメハナカメムシ類による生物的防除に取り組んでいた。また、和歌山県では施設の蒸し込みによる物理的防除法を開発していた。しかし、アドマイヤーの登場で、これらの防除法はしばらく顧みられなくなった。農家にとって害虫は営農上の支障の一つに過ぎず、簡単で楽で安い防除法がよい。薬剤の種類を変えることが最も簡単で、しかも卓効を示すのだから、農家が飛びつくのも無理はない。

その後、モスピランやベストガードなど、アドマイヤーと同じネオニコチ

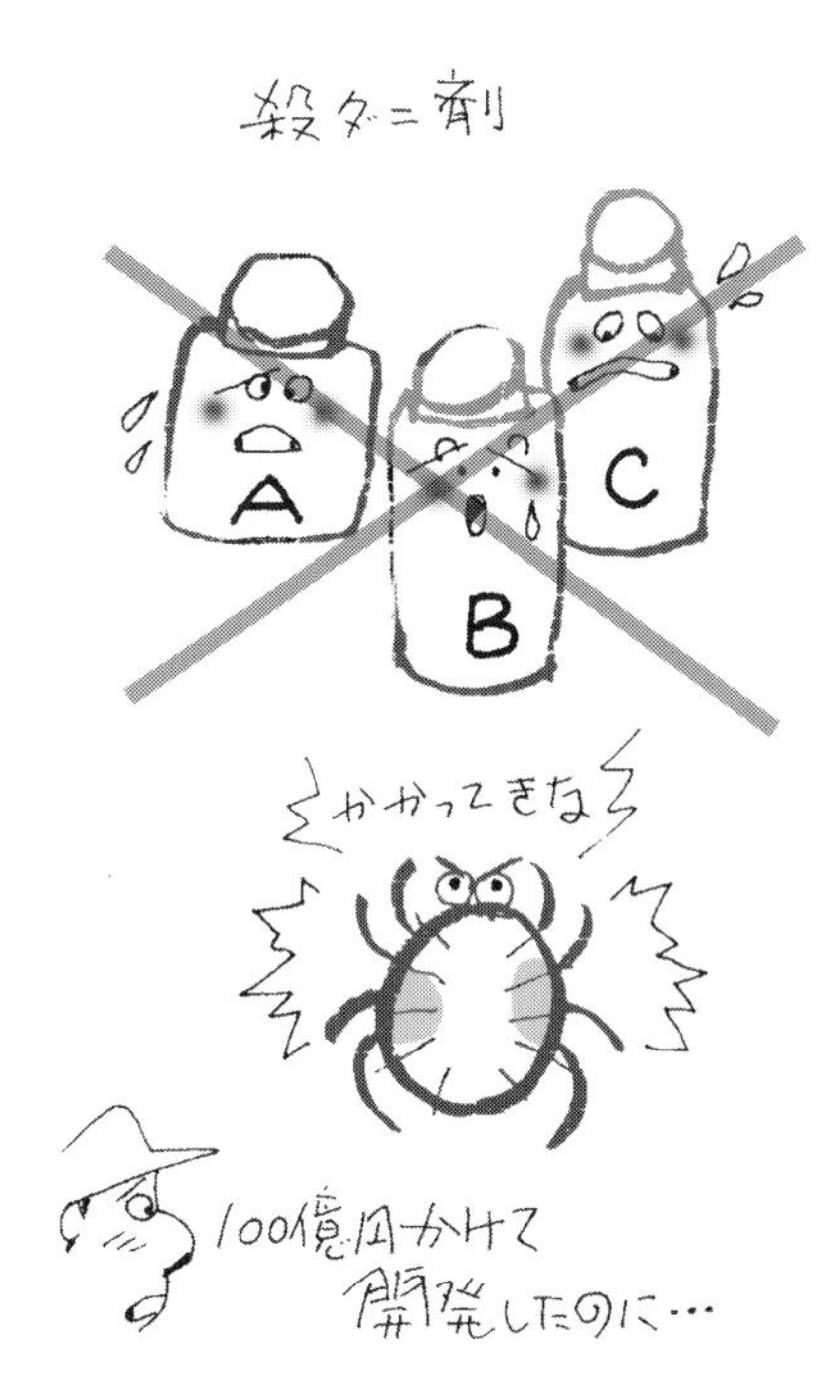

ノイド剤が次々と登場し、ミナミキイロアザミウマは容易に防除できる普通の害虫になった。しかし、平穏は長く続かなかった。施設園芸が盛んないくつかの県からアドマイヤーが効かないと報告され始めた。その後、ネオニコチノイド剤とは異なる系統の殺虫剤も販売されたが、いずれも短命に終わり、さまざまな殺虫剤に高度の抵抗性を発達させたミナミキイロアザミウマが各地に広がった。殺虫剤による防除は振り出しに戻ったのだ。

(4) 脱殺ダニ剤という選択

そして現在、ミナミキイロアザミウマ防除の主役は、天敵のヒメハナカメムシやタバコカスミカメ、スワルスキーカブリダニなどだ。その背景には、効果が期待できる殺虫剤がなくなったこと以外にも、花粉媒介昆虫の導入で、使える薬剤に制限が生じたことなど、営農上の課題もあった。天敵を導入した農家に聞くと、「もうしんどい薬剤散布はやりたくない」という答えが返ってくる。

ハダニ防除はどうだろう。ナミハダニを対象とすれば、薬剤が効かない状況はミナミキイロアザミウマと同じだ。生物的防除や物理的防除、あるいはこれらを組み合わせた防除に切り替える時期に来ている。すでにチリカブリダニ、ミヤコカブリダニによる防除は促成イチゴ栽培では普通に見られるようになった。しかし、未だに導入をためらう農家もいる。カンキツやリンゴなどの果樹でも土着カブリダニ類を実践的に活用する取り組みが始まっているが、まだ本格的な導入に踏み切る農家は少ない。

本書では、生物的防除や物理的防除への展開を勧めていく。なぜなら、どちらも補完的に使える殺ダニ剤がある間に導入することが望ましいからだ。効く薬剤がなくなってから別の防除法を導入すると失敗のリスクが高くなってしまう。うまくいかなければ殺ダニ剤防除に切り替えられるほうが農家も安心だ。今なら、まだ間に合う。そろそろ真剣に脱殺ダニ剤を考える時期だ。変わらなきゃ！

2 早期発見は無理と心得る

(1)「ハダニ認識年齢」の高齢化

防除の基本は敵を知ることだ。ハダニの体長は約0・5㎜。新聞の活字の「。」の中に成虫でも3〜4頭入る。しかも、多くのハダニは作物の葉の裏側にいるから、簡単には見つからない。ちなみに、天敵のカブリダニは、ハダニに加害された植物が出す物質に反応してハダニを探索し、近くまで来たらハダニが出す糸を頼りにハダニを見つけ出すらしい。肉眼頼りの人間にはまねできない芸当だ。

カブリダニにはかなわないが、農家も整枝・剪定や摘葉作業などの際に、「作物の様子が変だ」と感じる総合的な観察力を駆使している。葉に現われるハダニ吸汁痕のカスリ状の白斑（ハダニが針のような口で葉の葉緑素を吸い取った跡が白い点となる）や葉の黄変、葉裏の褐変、葉全体の光沢が失われる、などの症状も参考に発生箇所を見つけている。ハウスに入った瞬間に「ハダニがおるな！」と看破する人もいるくらいだ。

この総合的な観察力を勝手に「ハダニ認識年齢」と名付けてみた。実年齢は相当に高齢でも、ハダニ認識年齢の若い人もいるし、若い人でもハダニを認識するのが下手な人もいる。ところが、イチゴなど品種変遷が激しい品目では、思わぬ形でハダニ認識年齢が高

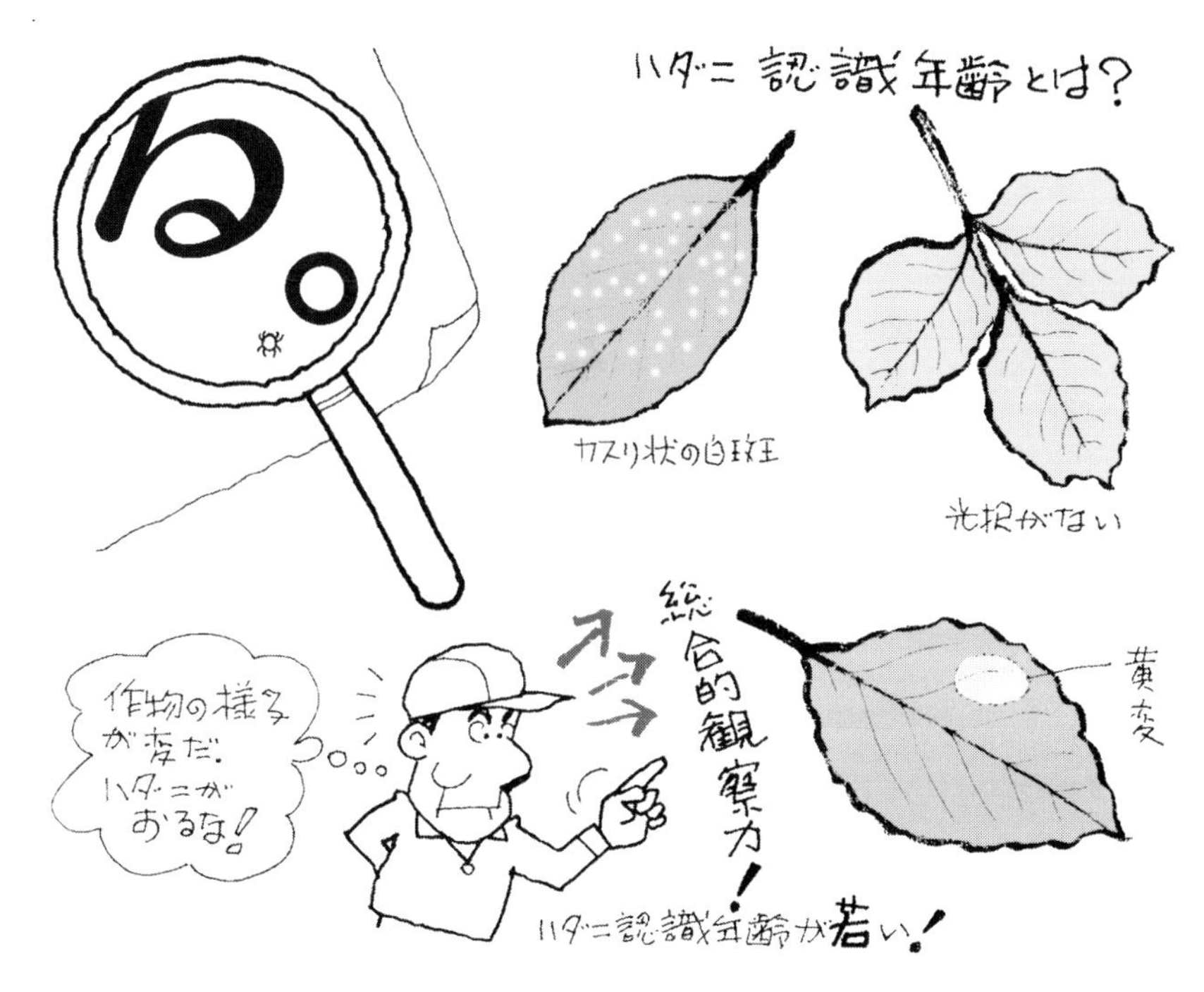

齢化してしまう事態が起こっている。

筆者が若いころ、イチゴでは〝宝交早生〟がわずかに残っていた。その後、〝とよのか〟、〝女峰〟などを経て〝アスカルビー〟が主流となった。これらの品種では、ハダニが葉裏に寄生すると葉表に明瞭な白斑や黄化が現われた(写真序-1)。しかも、葉裏に寄生するハダニの数に応じて白斑が生じる部分は大きくなった。しかし現在、奈良県で増えている〝さがほのか〟、〝古都華〟などの品種では、葉が厚いせいか葉裏に多数のハダニが寄生しても葉表に白斑が出てこない。このため、農家もハダニの発生に気づきにくくなっている。

(2) 防除の教科書は通用しない

ハダニは昆虫ではなく、クモに近い生き物だ。脚先から糸を出しながら歩いている。この糸、あるときは命綱に、あるときは天敵から身を守るシェルターに、あるときはダイビングのパラシュート代わりに、とさまざまな用途がある。しかし、野菜や果樹の農家が知っているのは、ハダニが大発生した場所の葉縁に白く輝く糸だろう。ハダニ認識年齢が高齢化すると、糸が張らないと発生に気づかない(写真序-2)。なお、リンゴに寄生するリンゴハダニやナシに寄生するクワオオハダニ、カ

写真序−1　ハダニによるイチゴの葉の吸汁痕

写真序−2　ナミハダニ多発時の葉縁での糸張り

ンキツに寄生するミカンハダニは葉に糸を張らない。発生が著しくなった場合、ハダニが寄生した葉裏が褐色になることで気づくことになるが、これも手遅れ状態と言える。

一度、このような〝糸張り状態〟や〝すごい褐変〟になると、その株の新葉は萎縮し、株全体がすくんでしまう。果樹の場合は落葉もあり得る。縦横無尽に張り巡らされた糸にはじかれて、殺ダニ剤も付着しにくい。仮にきっちり防除できたとしても、正常な生育に戻るには時間がかかる。

このようにハダニは小さくて見つけにくい上に、栽培品種の特徴からも早期発見が難しい。多くの害虫防除の教科書には「発生初期に防除しましょう」と書いてあるが、残念ながら発生初期をつかみにくいのがハダニと言える。

発生初期をつかめない以上、ハダニが発生していることを前提に防除せざるを得ない。ここが問題だ！　発生を確認できないまま殺ダニ剤を散布しても、その散布で防除できたか、どうやって判断すればいいのだろう？　しばらく様子を見て、増えてこなければ効いたのか？　何とも頼りない判断になる。

多くの農家は、寄生を前提に殺ダニ剤を散布しても、しばらくしてハダニが増えてきた経験があると思う。散布回数を増やして対応することになるが、作物の生育が進むにつれ、茎葉が繁茂して薬液が付着しにくくなる。普及指導員や営農指導員から「効果の高い殺ダニ剤をていねいに散布してください」と言われても解決しない。

3 ハダニの色が重要なわけ

(1) 種の同定は専門家でも難しい

一口にハダニと言っても、国内だけで数十種もいる。一目見ただけで名前を当てられる人は専門家でもほとんどいない。

空の玄関口、成田空港や関西空港には毎日たくさんの人や物が行き来している。中には海外から虫が付いた植物が持ち込まれることもある。海外から持ち込まれる植物に、日本に侵入されると困る害虫や病気が付いていないか調べる専門家が、農林水産省の植物検疫官だ。いわば害虫分類のプロだが、この人たちでさえ、肉眼でハダニを識別する方法に限界を感じ、種を迅速に見分ける新しい方法を研究している。じつは、ハダニの種を見分けるには雄の交尾器の形の違いを観察しなければならない。たった1頭ハダニが付いていて、しかもそれが雌だったら、ただちに分類できない。そのため、ハダニの遺伝子を診断して種を特定する研究を進めてい

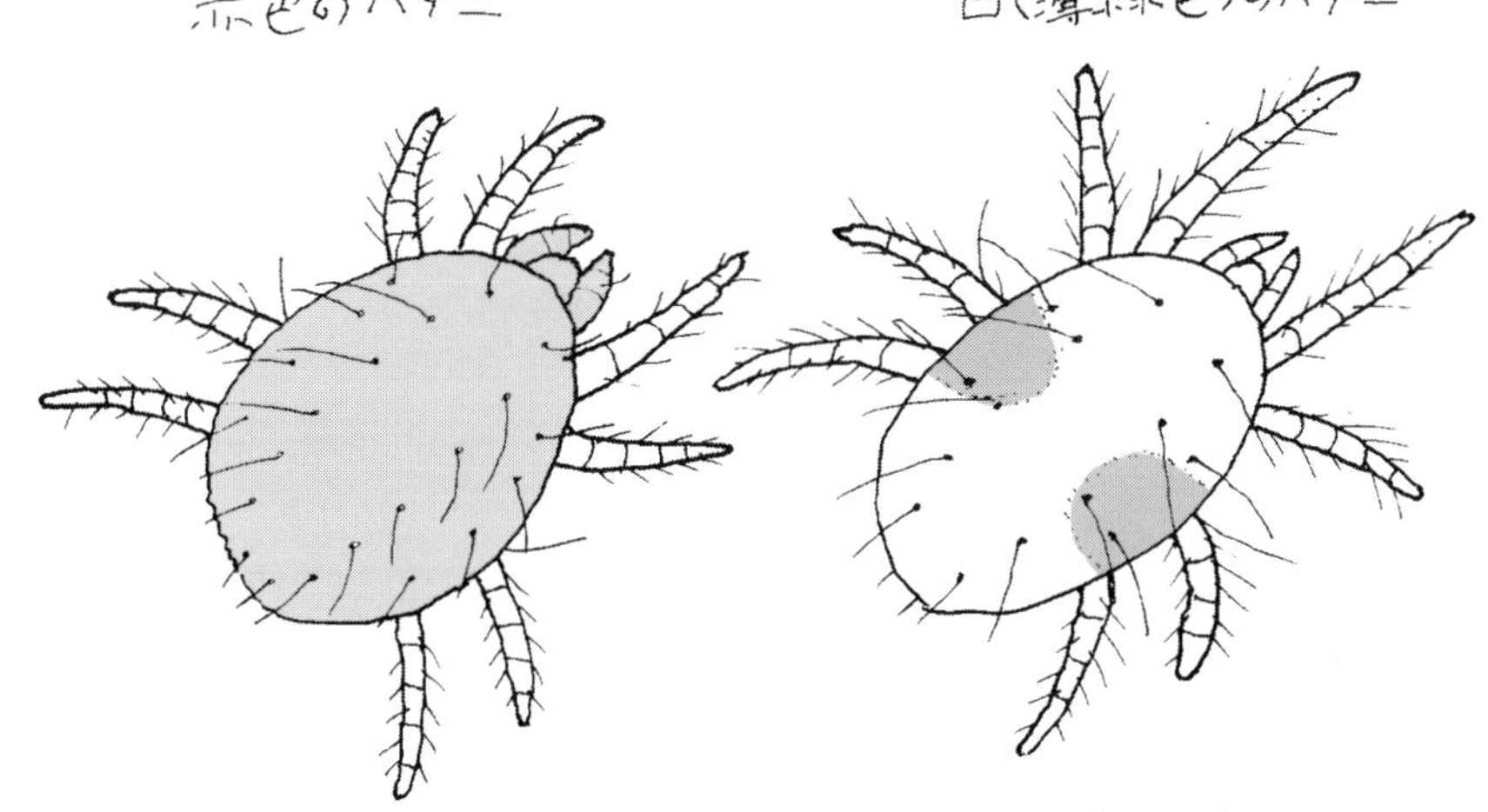

るのだ。

(2) 赤ダニと白ダニで抵抗性が違う

さて、農業現場ではどうだろう。専門家でも見分けるのが難しい以上、現場での識別は容易ではない。そこで、思い切った分類方法を考えてみた。野菜や花、果樹の栽培現場で「薬剤が効きにくいハダニか、殺ダニ剤散布で簡単に防除できるハダニか」の2種類に分ける方法だ。かなり乱暴な分類だが、多くの農家や現場指導者の関心もここにある。この視点でハダニを見直してみると、偶然だが、野菜や花栽培では、赤色のハダニ(多くはカンザワハダニ)は殺ダニ剤散布で防除でき、白(薄緑)色のハダニ(ナミハダニ黄緑型)はそれが難しいことがわかる。

もちろん、専門的なハダニの分類では赤ダニ、白ダニという表現はない。あくまでも便宜上の分類で、春から秋までの期間限定だ。白ダニは成虫で越冬するのだが、冬越しする際に体が凍りにくくなるよう、色素を体内に貯めてオレンジ色になる。このため、加温施設に発生しているハダニを除き、冬はみんな赤色になってしまう。

果樹やチャで発生するハダニは、多くが赤色で、しかも薬剤抵抗性が問題になるものもある。一方、リンゴやナシでは白ダニが発生して薬剤抵抗性が問題になる。果樹では色だけで区別できず、複雑だ。

先ほど、ハダニ認識年齢の話をしたが、ハダニが見つけにくい場合の多くは白ダニだ。若い農家でも緑色の葉裏に寄生する緑色に近い白ダニを見落とすことは多い。これに対し、赤ダニは高齢者でも見つけやすい。ハダニは発生しているようだが、なかなか見つけられない、となれば白ダニの可能性が高い。

4 自分に合った防除法選び

(1) YES/NOチャートで防除設計

話を防除法に移そう。目的地にたどり着くためには、地図が必要だ。やみくもに歩き回るよりも、出発前に地図をしっかりと読んで、自分の進路をはっきりさせておいたほうが目的地に着くのは早い。

同じように、ハダニ防除でも目的地

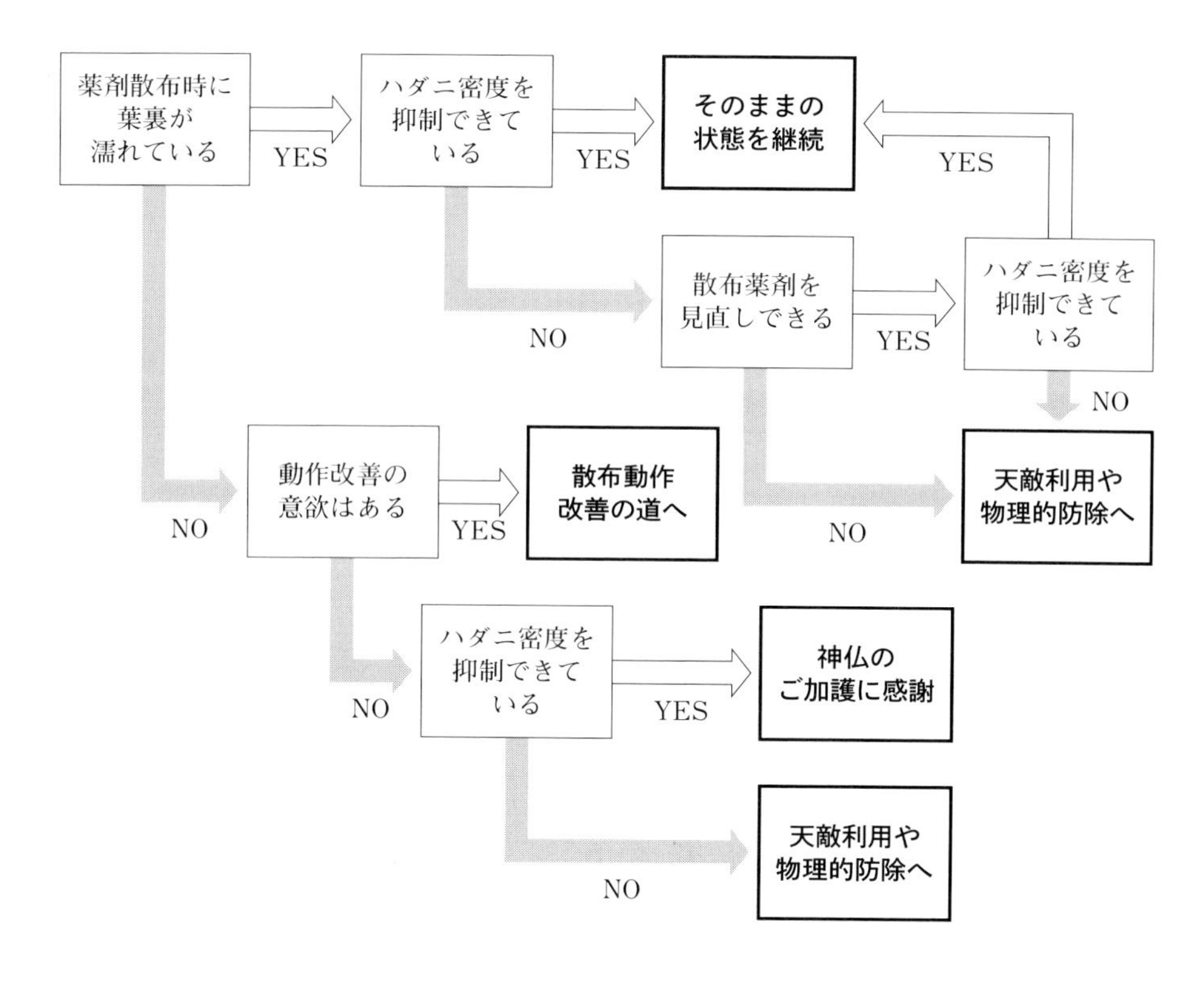

図序−1　ハダニ防除の方向性がわかるYES／NOチャート

を決めて、そこにたどり着く道順がわかっていると進みやすい。ハダニ防除の方向性を示した地図（チャート）を用意したので、一緒に進む方向を考えてみよう（図序−1）。

一つ目の設問は、「薬剤散布をしたときに葉裏が濡れていますか？」だ。濡れている人はYESへ、濡れていない人はNOへ進もう。「濡れているに決まっている」と決めつけないで、必ず実際の散布の後に確かめてからやってほしい。これが一番重要なポイントだからだ。

YESの人で「ハダニ密度が抑制できている」、つまり、防除がうまくできている人はOK！　そのままの状態を継続してほしい。葉裏は濡れているがハダニ密度を抑制できていない人は、使っている殺ダニ剤の種類を見直したほうがよい。つまり、殺ダニ剤が効いていないと考えられる。

一方、一つ目の設問でＮＯだった人は、「動作改善の意欲がありますか？」と尋ねられる。薬剤の散布竿の動かし方、噴口の向きを修正する意思があるかという質問だ。何十年も同じようにやってきた散布動作を改善するのは難しい。近くにアドバイスしてくれる人がおらず、本人に意欲があっても改善できない場合は、残念だがＮＯに進まざるを得ない。そんな状態でもハダニが防除できていれば、きっと神仏のご加護だろう。防除できていない場合は、「天敵利用や物理的防除の道」を検討する必要がある。

(2) 白ダニなら天敵は不可欠

さて、このチャート、発生しているのが赤ダニならば、そのまま当てはまるが、白ダニの場合、来年も当てはまるとは保証できない。

白ダニ（ナミハダニ黄緑型）は、薬剤抵抗性の発達が著しく、各地で殺ダニ剤が効きにくいことが報告されている。とくに施設栽培の栄養繁殖系の作物（イチゴ、キク、バラなど）やリンゴ、ナシなどで顕著だ。そうなると、「散布薬剤を見直しできますか？」という問いにＮＯとしか答えられない、悲しい展開が待っている。

白ダニが発生している場合、遅かれ早かれ天敵活用を検討しなければならないだろう。

5 天敵と物理的防除を柱に

(1) 人間のエラーを補う防除法

殺ダニ剤散布を成功させるには、葉裏への薬液付着はもちろん、現在使っている殺ダニ剤の効果、施設のどの場所、作物のどの部位にハダニが多いかの把握など、クリアしなければならない条件がたくさんある。

また、病害虫の発生の判断や防除作業には失敗（エラー）が付きものだ。エラーが生じても結果が左右されないのが理想的な防除法と言える。残念ながら、殺ダニ剤散布には防除法としての限界を感じざるを得ない。長年慣れ親しんできた防除法といえども、そろそろ見切りをつける必要があるのではないだろうか。今まで殺ダニ剤防除でやってこられたのは、ひとえに農薬メーカーが開発した極めて優秀な殺ダニ剤のおかげだ。その高い効果に甘えて、他の努力を怠ってしまった、とも言える。

(2) 天敵——自ら増殖・移動・捕食

エラーが入り込みやすく、成功が難しい殺ダニ剤散布に比べ、比較的エラーが入り込みにくく、しかも防除効果が期待できるのが、天敵による生物的防除と炭酸ガスや紫外線による物理的防除だろう。

全国的にナスやピーマン、キュウリなどの栽培現場で、アザミウマ類、アブラムシ類などの害虫防除に天敵利用が普及している。全国を牽引する高知県では、品目によっては9割以上の農家が天敵を利用している。天敵の商業的な利用はハダニ防除用のチリカブリダニ製剤が先駆けで、日本では1960年代から研究されてきた。現在、ハダニ防除に利用できる天敵製剤はチリカブリダニとミヤコカブリダニで、ボトル入りで緩衝材と一緒に振りかけるタイプと、小袋入りで枝に吊るすタイプがあり、小袋をより長持ちさせるバンカーシートも販売され始めた（Ⅲ章で詳述）。対象作物や使用するタイミングで使い分けるのだが、いずれもカブリダニが自らハダニを探し出して捕食し、増殖してハダニを鎮圧してくれる。カブリダニに影響を及ぼす農薬をまいたり、カブリダニの

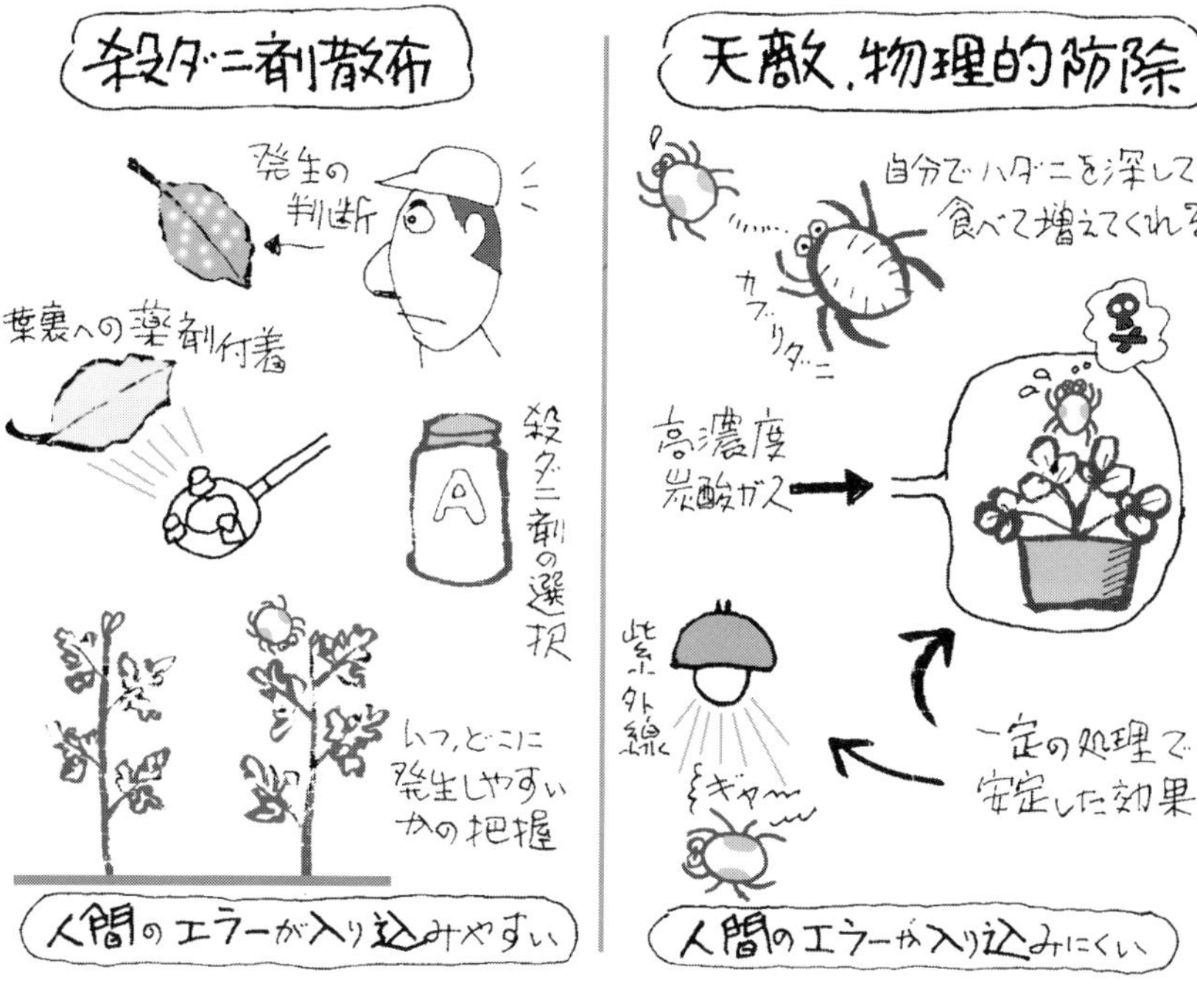

活動が低調になる低温期に使ったりしない限り、確実に働いてくれる頼もしい味方だ。

現在、果樹や野菜で研究が進められているのが、土着天敵に影響の小さい殺虫剤（選択性殺虫剤）と、下草管理や特定の植物を圃場周辺に植えることで積極的に土着天敵の活動を活発にする方法を組み合わせた防除体系だ。これに関してはⅣ章でリンゴを例に説明する。下草管理により複数種のカブリダニの活動を促すシステムだが、一度機能するようになれば安心感は相当のものだろう。

(3) 物理的防除 ――一定の処理で効果

もう一つ、注目の防除法が物理的防除法である。殺虫剤を使わずに、熱、光、音波などを用いて害虫防除する方法だ。施設に目合いの細かいネットを張って外部からの害虫の侵入を抑制したり、夜に黄色い光で果樹園を照らしてチャバネアオカメムシやヤガ類の飛来を抑制したりする方法がよく知られている。

ハダニ防除での活用が期待されているのが、炭酸ガスと紫外線だ。Ⅴ章で詳しく説明するが、苗を入れた袋に炭酸ガスを満たしてハダニを殺したり、ハダニに紫外線を当てて産卵数を減らしたり卵を孵化できなくしたりする方法だ。ハダニが寄生したイチゴ苗に対する蒸熱処理も、研究が進められている。

物理的防除法は一定の濃度・温度にするか、一定量を照射すればハダニを防除できるので、安定した効果が期待できるし、抵抗性が発達する心配もない。処理に特別な装置が必要で、初期投資が必要になるため、ただちに導入できるわけではないが、殺ダニ剤に代わる防除法として期待されている。

か弱いハダニが手強い理由

指先でつまめばプチッと簡単につぶれてしまうハダニだが、ひとたび発生するとなかなか手に負えない大害虫として、われわれの前に立ちはだかる。

1 もともと害虫ではなかった

(1) 三つの敵で抑えられていた

モンシロチョウはキャベツの害虫として有名だが、河原や野原でも普通に見つけられる。ところが、ハダニを野外で見つけることはとても難しい。畑や施設であれだけ増えるのだから、野山にもたくさんいてよさそうなものだが、たまに赤いハダニが見つかるくらいで、ナミハダニ（黄緑型）は本当に見つからない。ハダニは野外に敵が多いからだ。

▼天敵

本書によく登場するカブリダニ類（ハダニを食べてくれるダニ）をはじめ、ハネカクシ類の幼虫・成虫、クサカゲロウの幼虫、ハダニに寄生するカビなど、野外にはたくさんの天敵がいる（Ⅵ章のカンキツの写真参照）。これらが人知れず野外のハダニをやっつけてくれている。Ⅳ章で詳しく述べるが、人為的に野外の天敵を減らさない管理、増やす管理がこれから大切になってくる。

▼雨

露地栽培でハダニが問題になるのは梅雨明け後の晴天が続く時期が中心で、長雨の最中にはハダニは増えてこない。体長0・5㎜のハダニにとって雨粒は極めて大きい。小さい雨粒は0・1㎜程度だが、夕立やゲリラ豪雨のような地面に音を立ててたたきつける大粒の雨は直径5㎜もある。ハダニの大きさの10倍である。人で考えると直径16ｍの巨大な水玉が降ってくることになる。直接当たればひとたまりもない。

雨が当たらない施設栽培は、人が提供した「ハダニに優しい環境」とも言える。かつて露地で栽培され、裂果が大きな問題だったサクランボは、今や雨よけ施設での栽培が当然になっている。こうなると露地では問題にならなかったハダニが気になり始める。アスパラガスやホウレンソウでも、病害予防のために導入した雨よけ施設栽培

ハダニは野外に敵が多い

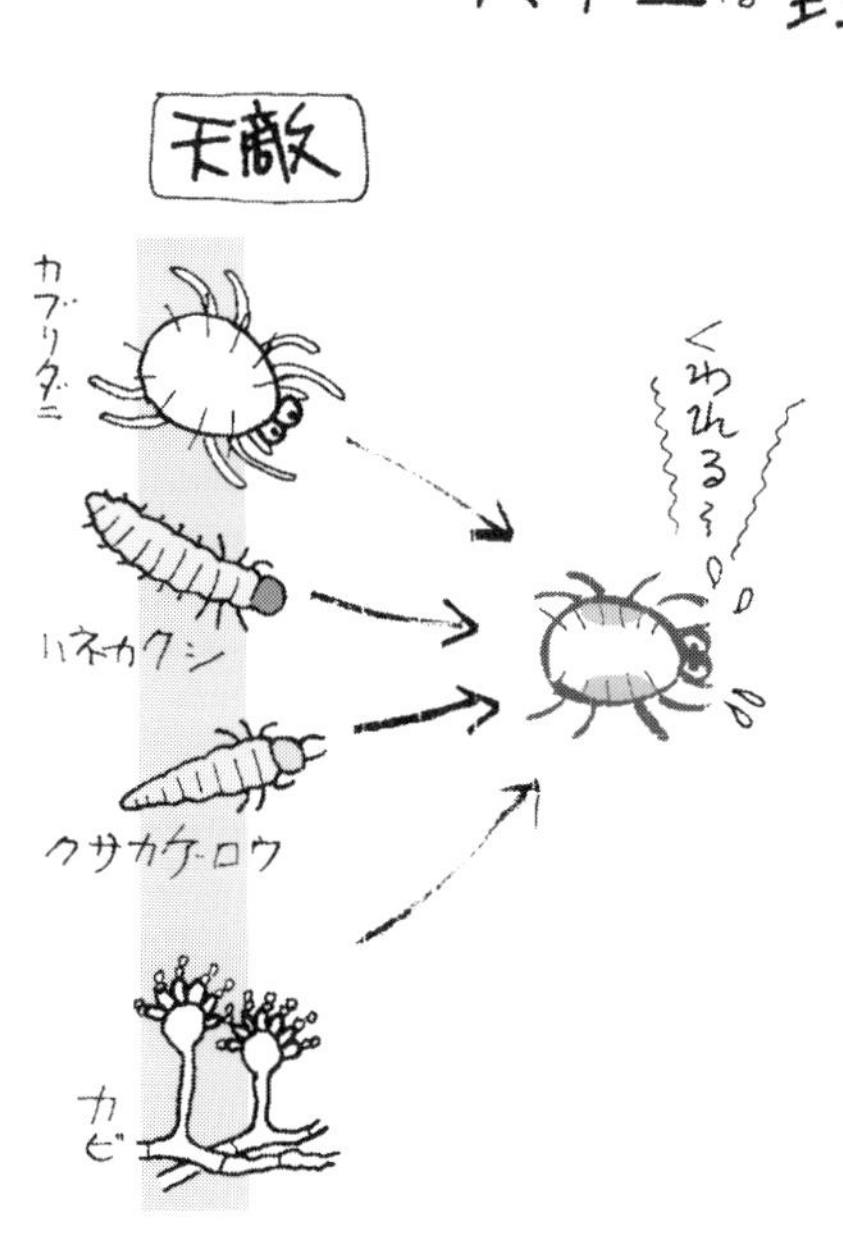

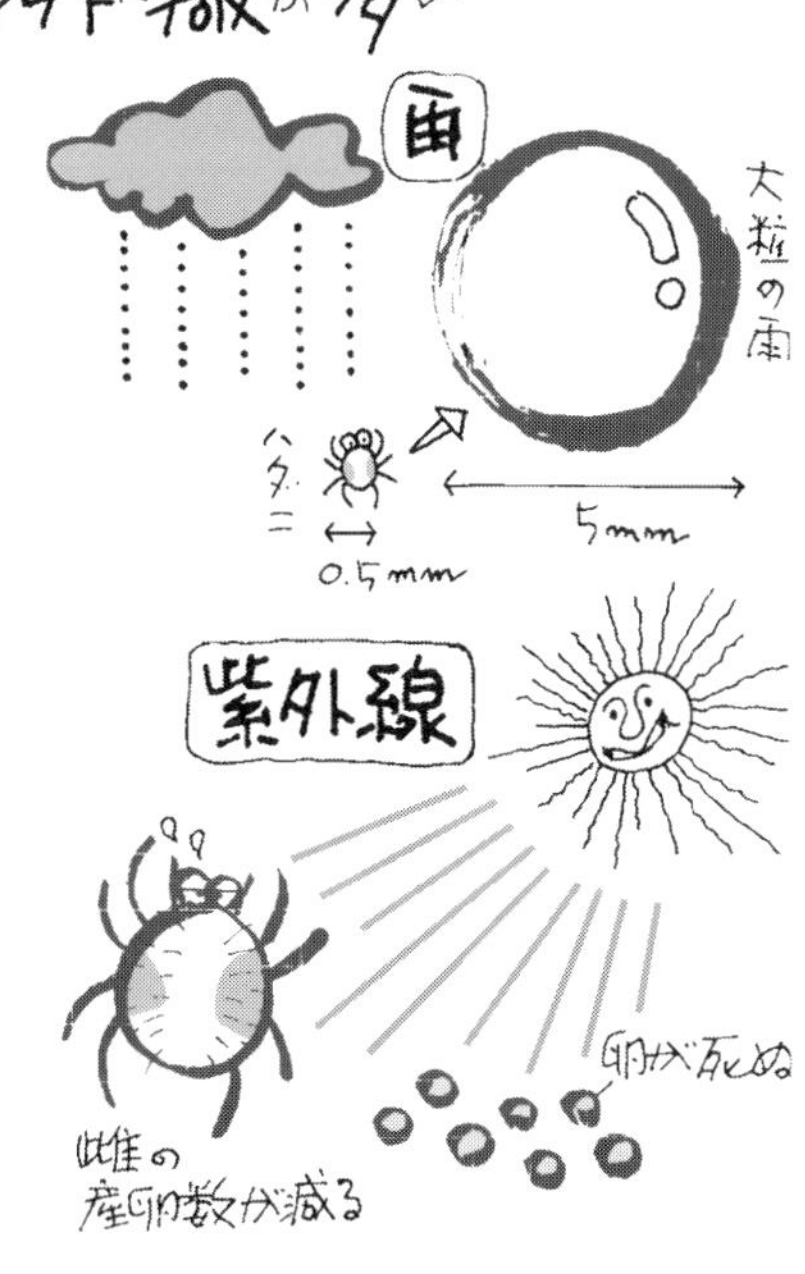

で、ハダニが問題になっている。

　こんな例はたくさんある。イチゴ栽培では炭疽病予防や定植後の活着がよい健全な苗を育てるために雨よけポット育苗が主流になっているが、ハダニにとっては雨が当たらず増えやすい。ポット育苗になって葉柄の短いしっかりした苗ができ、定植時の植え傷みもほとんどなくなったこともハダニ防除を難しくしている。ハダニが寄生した葉を摘む必要がないのだ。無仮植育苗の苗ならば、定植・活着後に役目を終えた葉柄の長い葉は摘葉された。この摘葉により、ほとんどのハダニが物理的に防除できていた。さらに事態を悪化させたのは、定植後の葉柄の短い葉に、付着むらなく薬剤を散布するのは至難の業という点である。こんな栽培様式の変化も、ハダニ防除に大きく影響している。

　また、人工の雨とも言える灌水方法の変化も見逃せない。かつて灌水といえば、ホースの先に蓮口を付けてゆっくりと水を与えることだった。ハダニにしてみれば大雨が降ってくるのと同じだ。それなりにハダニ密度を抑制していたのだ。農家にとっては暑い夏の間、気が抜けない大変な作業だったが、灌水しながら苗の様子も観察できた。ところが、ポットによる育苗が普及し、底面給水が普通になると、作物の上か

ハダニは高度経済成長期に大害虫になった

ら水をやる機会は減少し、育苗中の苗を見回る機会も減ってしまった。

▼紫外線

若い女性はお肌の日焼けを気にするが、じつはハダニも紫外線には神経質、というより生死を左右するほどの威力がある。京都大学の刑部(おさかべ)正博博士のグループの研究で、太陽光線にも含まれる特定の波長の紫外線が当たると、ハダニの卵は死に、雌は産卵数が減るなど、大きな影響を及ぼすことがわかってきた。

そう言われれば、多くのハダニは葉の裏側に隠れているし、産卵場所も葉の裏側だ。少しでも雨や紫外線から身を守ろうということなのだろう。ただし例外もある。カンキツで問題になるミカンハダニやリンゴに寄生するリンゴハダニは葉表にいることもある。これらのハダニは皮膚に含まれる色素で紫外線の影響を和らげていると考えられている。

(2) 農薬を使い始めてから害虫になった

学生時代、恩師に教わった話だが、かつてハダニはたいした害虫ではなく、問題になり始めたのは高度経済成長を迎えて農薬をよく使うようになってからだそうだ。どうして農薬をよく使うとハダニが増えるのだろう？

殺虫剤が世の中に出始めたころは、

いろいろな種類の害虫に効く殺虫剤が主流だった。このため、ガの幼虫防除に殺虫剤を使用すると、ガの幼虫だけでなく同じ場所にいるさまざまな昆虫も殺してしまった。もちろん、一時的にハダニも影響を受けたのだが、持ち前の繁殖力の高さに加え、生まれつき殺虫剤に強い個体が混じっていて、その子孫が個体数を回復させた。一方、ほとんどの天敵はハダニよりも数が少ない上、増殖能力が低い。年間の発生回数も数回程度だ（ハダニは10回以上）。数が少ないということは変わり者（殺虫剤に強い）が含まれる確率も低くなる。このため、圃場にはハダニだけ生き残り、天敵がほとんどいない環境になってしまった。

天敵に襲われながら日々、細々と生きてきたハダニは、天敵が激減して急に元気になった。その後、さまざまな殺虫剤が開発されてきたが、天敵に影響が小さい剤が増え始めたのは最近のこと。施設栽培が普及し、一年中、高品質の農産物が当たり前になると、農薬の使用はいっそう多くなった。雨や紫外線から守られる施設内で、天敵の影響がなくなれば、抜群の増殖能力を持つハダニが幅をきかせるのは当然だろう。

（3）雌1頭から急増できる繁殖様式

人間に限らず、動物の多くは交尾していない雌1頭では子孫を残せない。たとえ交尾後の雌で、うまく出産できたとしても、数を増やしていくのは難しい。ところが、ハダニはそれが普通にできる。交尾後の雌成虫なら死亡するまでに１００個以上の卵を産むことができる。ナミハダニなどは雄：雌の比が4：6くらいなので、60頭が雌になる。この雌がまた１００個卵を産み……を繰り返して、すべてが無事に育ったなら4世代目の雌が産む卵は２０００万個を超える。卵から成虫になるまでの期間は25℃くらいなら10日～2週間程度だから、2ヵ月もすれば２０００万頭を超える計算だ。

では、仮に交尾していない雌成虫が1頭しかいない場合はどうだろうか。じつはハダニは交尾をしていない雌も卵が産める。そして、産まれた卵はすべて雄になる。ここからがハダニのすごいところだが、雌成虫は自分が産んだ卵から育った雄（つまり息子）と交尾をして、そこから産まれた卵は普通に育って雌も雄も出てくる。その後は、同じ親から産まれた雌雄（つまり兄弟姉妹？）が交尾して、次々と子孫を増やしていく。ハダニの研究者に「相当エグイ近親交配」と言わしめる繁殖様式なのだ。

ハダニの雌雄の外見はまったく異な

り、雌成虫が楕円形なのに対し、雄成虫はくさびのような形で雌成虫よりも二回りくらい小さい（写真Ⅰ-1）。どっしりかまえた雌成虫に比べ、雄成虫は普段からせわしなく動き回っている。確実に雌成虫を探すには、成虫になる直前の雌の第3静止期（蛹のように動かない時期）のそばで、守るようにじっとしている個体を見つけることだ。ナミハダニなどの雄は、最初の交尾相手となるために、成虫になる直前の雌のそばで、脱皮して出てくるのをひたすら待っている。

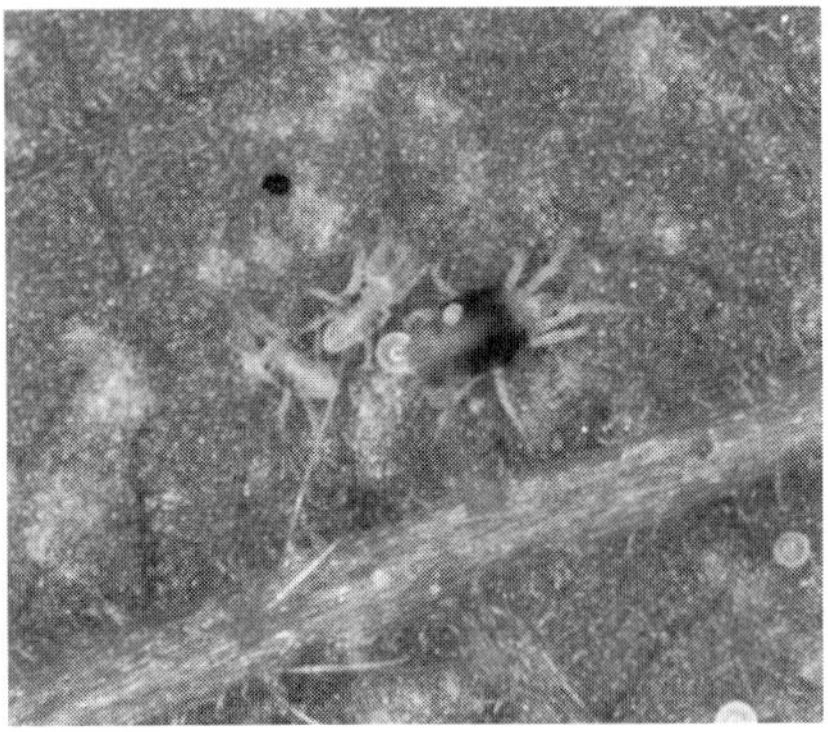

写真Ⅰ-1　ナミハダニの雌成虫（右）と雄成虫（左）

エグイ繁殖様式と高い繁殖能力により、急激な個体数増加が可能となったハダニ。ただ見方を変えると、どんどん増えなければ生き残れないほど、自然界では弱い立場とも言える。それを人の手で生きやすくしてしまっているのだ。

2　問題になる種はほんの一握り

(1) 国内だけで70種もいるけれど

少し古くなるが、手元に『農林有害動物・昆虫名鑑２００６』（日本応用動物昆虫学会編）という本がある。これまでに報告された国内の害虫のリストで、２０００種を超える害虫が載っている。「道理でウチの畑には害虫がたくさんいるはずだ」というほど単純ではない。多くの農家の圃場では、害虫の数は多いが種類は少ない。これは、餌になる植物が単一の栽培品目になってしまうことや、農薬散布に耐えられる害虫に限定されてしまうからだ。リストには載っているが滅多に見ることができない害虫も多い。

さて、このリストの中のハダニを数えてみると、ちょうど70種ある。筆者もそのほとんどは図鑑でしか見たことがない。病害虫防除所に長年勤務したが、相談があったのはこのうちの５種程度。その中でもナミハダニとカンザ

写真Ⅰ−3　カンザワハダニ雌成虫、第2若虫（左）、卵（手前）(O)

写真Ⅰ−2　ナミハダニ（黄緑型）雌成虫

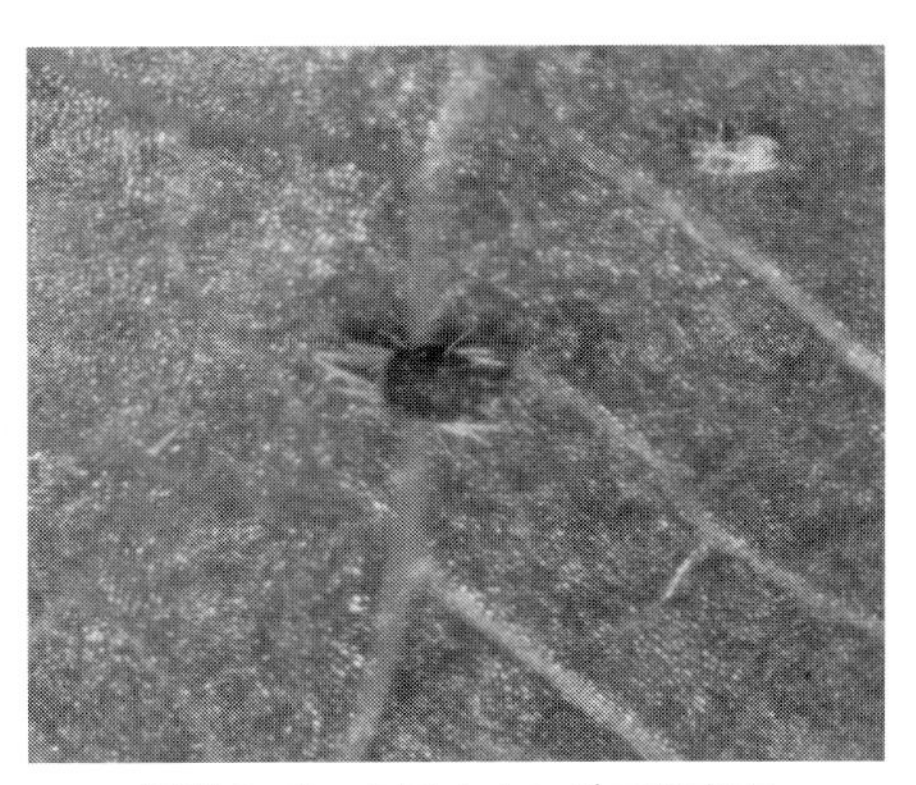

写真Ⅰ−5　クワオオハダニ雌成虫
（写真提供：岸本英成）

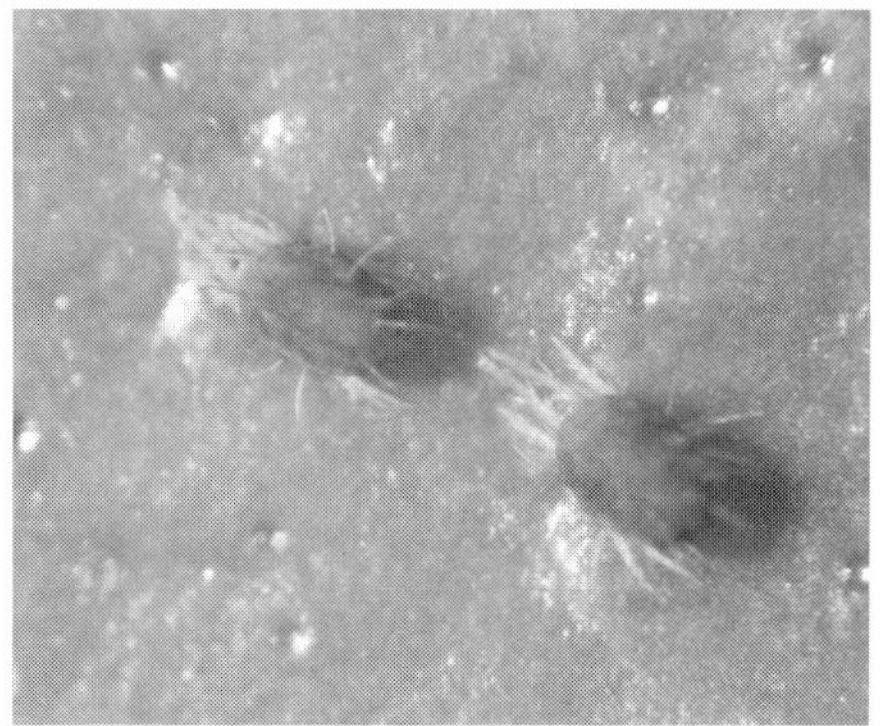

写真Ⅰ−4　ミカンハダニ雌成虫 (M)

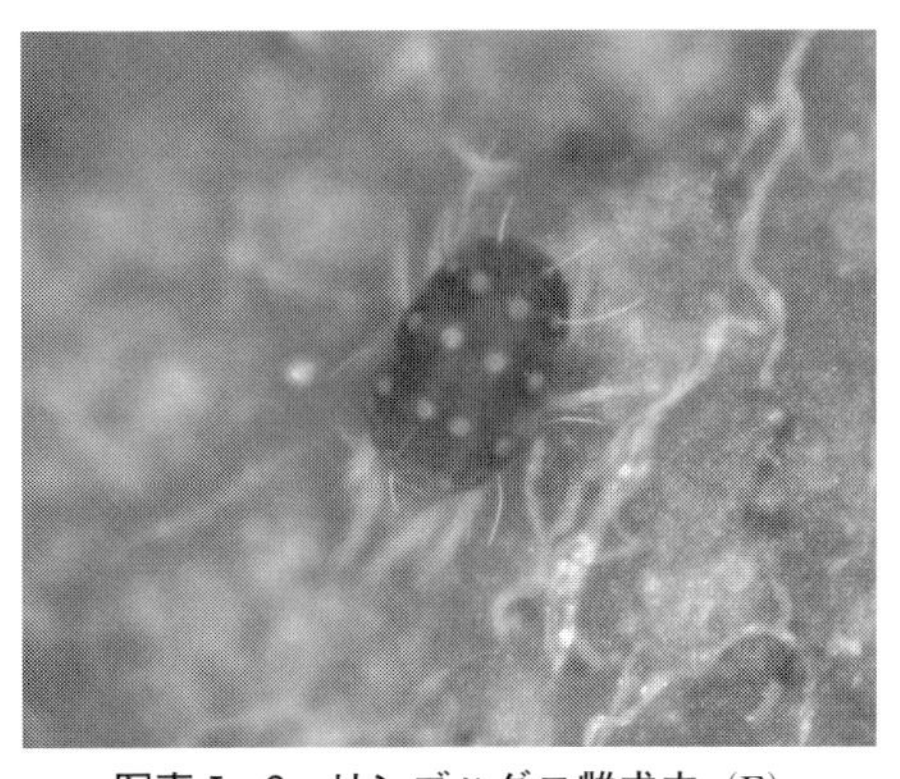

写真Ⅰ−6　リンゴハダニ雌成虫 (F)

ワハダニが大部分だった。もちろん地域や栽培品目によって発生するハダニの種類は変わってくるが、問題になるハダニの種類は多くない（写真Ⅰ−2〜Ⅰ−6）。

(2) 野菜・花き類で問題になる種

園芸作物、とくに野菜や花で問題となるのは、ナミハダニとカンザワハダニの2種だ。ナミハダニは体色により黄緑型（薄い黄緑～緑色）と赤色型の2系統がある。カーネーションで問題となる赤色型は、かつてニセナミハダニと呼ばれていた。

▼ナミハダニ

世界中に分布し、ヨーロッパ、アメリカ、アジア、オーストラリアなど、各地で野菜、花、果樹などの大害虫として知られている。虫眼鏡で背中側から見ると腹部（胴体）の左右に二つの濃い緑色の点があるように見えることから、英名は two-spotted spider mite（二つの点があるハダニ）。雌成虫の体長は約0・6㎜で卵形、体色は淡黄～淡黄褐色。雄成虫は体長約0・45㎜で体の後方は尖っている。

主に葉の裏面に寄生して葉の汁を吸う。被害は、果樹では樹の内側から外側に広がり、野菜や花き類では下葉から上位葉に広がる。被害葉は吸汁痕に白斑が生じ、裏側が褐変するため、同化機能が低下し、葉の生育、花芽形成、果実肥大、着色に影響する。多発生の場合には早期落葉を引き起こすことがある。低温期には体色がオレンジ色になるため、リンゴなどで秋に多発生した場合は、オレンジ色の越冬虫が果実のがくあ部に多数付着する。キクなどでは下葉で寄生が確認できる。

▼カンザワハダニ

雌成虫はくすんだ赤色で、ところどころに色の濃い部分がある。雄は寄生する植物によって赤～薄緑色までさまざまである。雌成虫の体長は0・53㎜程度、雄成虫で0・45㎜くらい。国内では北海道から沖縄まで、海外では中国や東南アジアに分布する。寄生する植物はナスやイチゴなどの野菜類、アジサイなどの花き類、ナシ、モモなどの果樹類と幅広い上、クズなどの雑草にも寄生する。チャに発生するハダニとしても有名でさまざまな研究が進められており、いずれの作物でも葉の黄化や落葉、新葉では白斑や萎縮・枯死などの被害が発生する。チャについての詳細はⅥ章で触れる。

報告されているハダニの中には緑色や赤色のハダニがたくさんおり、黄緑色ならナミハダニ、赤いとカンザワハダニ、とは限らない。

(3) 果樹で問題になる種

果樹で問題になるのは、前述のナミハダニと、カンキツ類の害虫ミカンハダニ、リンゴに発生するリンゴハダニ、ナシなどに発生するクワオオハダニの4種だ。ミカンハダニとクワオオハダニは朱～赤色で、かつては両種ともにミカンハダニとされ、カンキツなどの常緑樹に寄生するほうが非休眠系統、落葉果樹に寄生するほうが休眠系統と呼ばれたが別種である。このため、外観はそっくりだ。

▼ミカンハダニ

雌成虫は体長0・4~0・5㎜、赤色卵形で太い胴背毛がコブから生えている。雄成虫は体長0・3~0・4㎜で雌成虫と比べ細い。カンキツ、ナシ、モモ、イヌツゲなどに発生する。カンキツでは葉の両面に寄生し、吸汁加害によって葉に小さな白斑を生じるが、短期的な影響は小さい。多発すると同化機能の低下とともに1年以上経過した葉の落葉が助長される。カンキツでは着色期以降の果実が吸汁加害されると、果実が白っぽくなり商品価値が低下する。冬期に休眠しないため落葉樹では越冬できず、カンキツなどの常緑樹で越冬した個体が夏期にナシやモモなどに移動して増殖する。

▼クワオオハダニ

雌成虫の体長は約0・5㎜で、少し黒色を帯びた深みのある赤色である。体背面の毛の生え際が白色を帯びた赤色のコブのように隆起する。コブと脚はリンゴハダニのほうが白っぽい。雄成虫は体長約0・4㎜で体の後方が細く尖る。クワオオハダニは卵で冬越しをするが、ミカンハダニはさまざまなステージで冬越しする。

▼リンゴハダニ

雌成虫は体長約0・4㎜、暗赤~小豆色で卵形、体背面の毛の生え際がコブのように隆起する。雄成虫は体長約0・3㎜で体の後方が細く尖り、黄褐色である。葉の表裏両面に寄生するが、葉表への寄生が多く、葉の汁を吸う。発生が多い場合は、葉表が多くの小さな白斑を生じて退色し、葉裏が褐変する。このため、同化機能が低下し、花芽形成、果実肥大、着色などに影響するが、ナミハダニの被害のように早期落葉することは少ない。かつてはリンゴといえばリンゴハダニだったが、現在ではナミハダニが問題になることが多い。

なお、チャの営利栽培で問題になるのはカンザワハダニである。ここで紹介した5種は、程度の違いはあるがいずれも薬剤抵抗性が発達し、防除が難しくなっていると考えられ、中でもナミハダニが最も厄介と言える。

分類上、ナミハダニとカンザワハダニはテトラニカス属、主に果樹で問題となるリンゴハダニ、クワオオハダニ、ミカンハダニはパノニカス属という別のグループになる。テトラニカス属は寄生する葉に巣のように糸を張って暮らしているが、パノニカス属は卵に糸を架ける程度で、葉には糸を張らない。テトラニカス属は葉裏のくぼみや葉脈沿いに糸を張って暮らすが、パノニカス属は葉表にいる機会も多い。

3 見えにくい発生のサイン

(1) 葉の白斑・変色・くすみに注意

ハダニは非常に小さいので、肉眼での直接観察は容易ではない。作物が出すさまざまな情報を総動員しても早期発見は難しい。ハダニに寄生され、ストロー状の口針で葉緑体を吸い取られた葉は、その部分が色抜けして白斑となる（写真Ｉ−7、Ｉ−8）。これらが少し広がると遠目には葉がかすれて少し白〜黄色になったように見える。同時に葉裏が褐変し、さらに進むとナミハダニやカンザワハダニでは葉縁部に少し糸が張ったようになる。こうなると葉裏には相当数のハダニが寄生しており、葉全体がくすんで光沢が失われてしまう。

(2) おやっ？ と思ったら葉裏をチェック

ただ、ハダニの寄生が少ない状態では、このような典型的な症状は出にくい。また、葉の白〜黄化はハダニ寄生だけで生じるわけではない。窒素成分の不足や、生理障害により生じる場合もある。とにかく、おやっと思ったら、すぐに葉裏を見る習慣を付けよう。

もし可能なら、施設や作業場に虫眼鏡やルーペを備えておくとよい。テレビコマーシャルでも「シジミチョウがアゲハチョウに」というのがあったが、ストレスなく見える程度に拡大してくれ

写真Ｉ−8　ナミハダニによるバラの被害葉

写真Ｉ−7　カンザワハダニによるナスの葉裏の吸汁痕

る。眼鏡型のルーペや頭にかぶるルーペはピント合わせも簡単で、両手が使えるので初心者でも使いやすい。

(3) それでも早期発見は難しい

早期発見が難しい理由は、ハダニが物理的に小さく、発見しにくい場所にいる、という直接的なものだけではない。営農の目的は高品質な農産物を収穫することで、ハダニはその目的を阻害する要因の一つに過ぎない。どうやったらおいしいイチゴ、リンゴができるか、肥料、整枝・剪定、水管理、販売先は……。農家が考慮しなければならないことは多種多様で、やらなければならない作業も多岐にわたる。摘果作業に集中している農家に「ついでに葉に寄生しているハダニにも注意してね」と言っても無理な相談だ。これがハダニの早期発見を難しくしている最大の理由かもしれない。

4 複雑すぎる薬剤抵抗性

(1) 多年生・栄養繁殖の作物で顕著

主要なハダニの薬剤に対する感受性が全国各地の試験研究機関で調べられている。2001年以降の報告件数をまとめたのが図I-1だ。圧倒的にナミハダニが多く、約60%にもなる。いかにナミハダニの薬剤抵抗性が問題になっているかがよくわかる。他のハダニではよく効く殺ダニ剤でも、ナミハダニだけは抵抗性が発達しているケースが多かった。原因は明らかでないが、ナミハダニは各種薬剤に対する抵抗性遺伝子を持っていたのかもしれない。ナミハダニに次いで報告件数が多いのはミカンハダニ、カンザワハダニ、リンゴハダニで、それぞれ約15%、約7%、約5%である。ミカンハダニでやや報告件数が多いのは、西日本の試験研究機関がミカンハダニの抵抗性発達を継続調査しているからで、現状ではナミハダニほどの著しい抵抗性発達は見られない。

ナミハダニの薬剤感受性検定の報告件数を作物別に整理すると、興味深いことが見えてくる(図I-2)。イチゴ44%、キク20%、バラ9%、リンゴ9%、ナシ9%となり、この5品目で報告件数の9割超を占めた。すべて多年生ないしは一年生でも栄養繁殖を行なう作物である。イチゴでは育苗期の殺ダニ

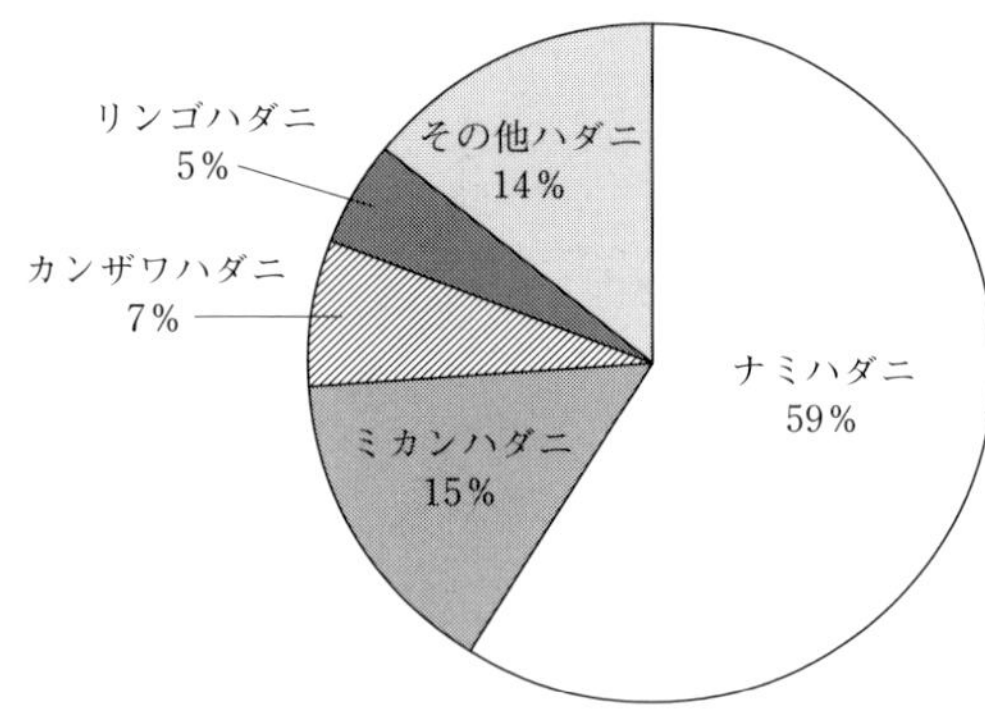

図Ⅰ−1　2001年以降の各種ハダニに対する薬剤感受性検定結果の報告件数

注　1個体群に対する1剤の検定を1と計数，n=2,359

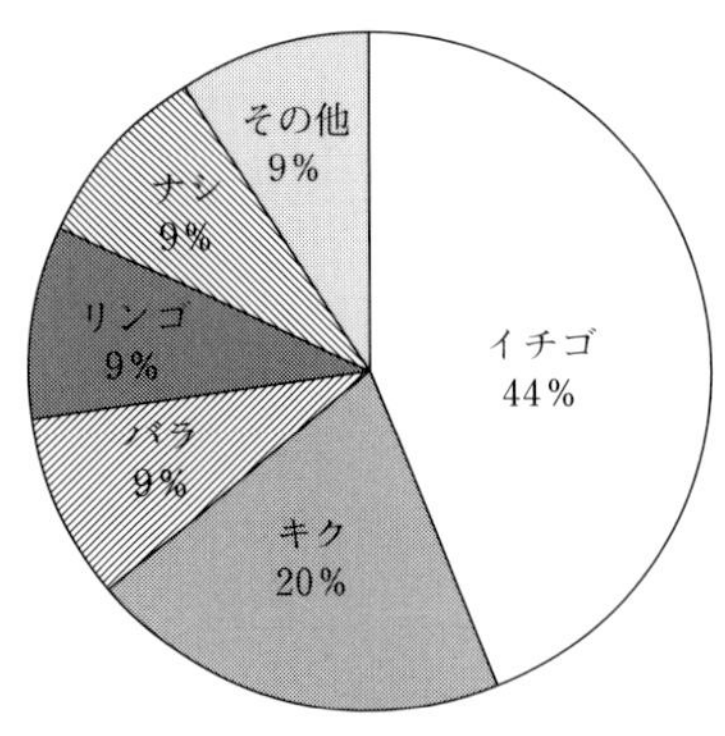

図Ⅰ−2　2001年以降のナミハダニに対する薬剤感受性検定結果の報告件数（寄生作物別）

注　1個体群に対する1剤の検定を1と計数，n=1,405

剤散布で薬剤抵抗性を発達させてしまうと、その個体や子孫がランナーを伝って子株に移り、子株が次作の親株となる。そこで再び殺ダニ剤散布を受け、抵抗性をさらに発達させてしまう。リンゴやナシでは夏期の殺ダニ剤散布で抵抗性を発達させたハダニの子孫が樹幹などで越冬し、翌春に葉へ戻る。これらの作物では薬剤抵抗性発達のエンドレスループを断ち切ることが困難なのだ。Aという殺ダニ剤の使用回数制限が年1回だったとしても、毎年使用していれば、抵抗性を発達させかけたハダニの集団に何度もA剤を散布することになり、最終的にA剤の効かないハダニの末裔のみが残り、抵抗性が発達すると考えられる。

(2) 殺ダニ剤の種類は多いが……

2018年1月1日の時点で、ハダニに登録がある農薬（散布剤：気門封鎖剤を除く）は、イチゴで57剤、ナシで58剤ある。このうちナミハダニに効果が期待できる剤はどれほどあるのだろうか。2001年以降の全国各地のナミハダニに対する薬剤感受性検定結果を大まかにまとめたのが表Ⅰ−1である（IRACコードについては46ページ参照）。ナミハダニを採集した地域も作物も検定方法もさまざまであるため、参考程度と考えてほしい。

ショッキングな数字だが、90%以上の効果が期待できるのは4剤しかない。70%以上の効果でも13剤にとどまる。検定後に抵抗性が発達してしまった剤もあるから、実際に効果が期待できる剤はこれより少ないはずだ。作物によっては登録のない剤もある。こう

表Ⅰ－1　日本におけるナミハダニに対する2001年以降の薬剤感受性検定結果まとめ

IRACコード	商品名（剤型省略）	効果	主な検定対象	検定個体群数
1B	ジメトエート	×	卵	2
	トクチオン	○	雌成虫・卵	21
3A	アーデント	×	雌成虫	24
	テルスター	◎	卵	1
	ロディー	×	卵	5
5	ディアナ	×	雌成虫	5
6	アグリメック	◎	雌成虫	10
	アファーム	○	雌成虫	127
	コロマイト	○	雌成虫・卵	204
10A	ニッソラン	×	卵	57
10B	バロック	×	卵	101
12B	オサダン	×	雌成虫	57
12C	オマイト	○	雌成虫	22
12D	テデオン	○	卵	40
13	コテツ	×	雌成虫・卵	63
15	カスケード	×	雌成虫・卵	2
19	ダニカット	○	雌成虫・卵	2
20B	カネマイト	○	雌成虫・卵	120
20C	タイタロン	○	雌成虫・卵	10
20D	マイトコーネ	○	雌成虫	191
21A	ピラニカ	×	雌成虫・卵	50
	サンマイト	×	雌成虫・卵	14
	マイトクリーン	×	雌成虫・卵	2
	ダニトロン	×	雌成虫・卵	19
23	ダニゲッター、クリアザール	◎	卵	19
25A	スターマイト	×	雌成虫・卵	114
	ダニサラバ	×	雌成虫・卵	92
25B+21A	ダブルフェース	×	雌成虫・卵	15
F19	ポリオキシンAL	×	雌成虫	7
UN	モレスタン	◎	卵	2

注　F：FRACコード（殺菌剤）
×：補正死亡率がおおむね50％未満　○：同70～90％　◎：同90％以上

なると、殺ダニ剤散布で防除体系を構築することは相当難しい。農薬の使用は、作物への農薬登録があるものに限られることは言うまでもない。

(3) 抵抗性の現状 ——奈良県のイチゴの例

奈良県農業研究開発センターでは、過去約30年にわたってハダニの薬剤感受性を調査してきた。ここではイチゴに寄生するナミハダニの薬剤抵抗性の現状を紹介しよう。表Ⅰ-2に奈良県のイチゴで主に使われている殺ダニ剤の感受性検定結果（2014～2015年）を示した。ご覧のとおり、コロマイト、アファーム、マイトコーネで効果を期待できる圃場が比較的多く、カネマイトはやや効果が低下した圃場が多かった。また、スターマイトやダニサラバでは効果を期待できない圃場がほとんどだった。感受性検定なしには農業現場に薬剤を勧められない状況なのだ。表には示していないが、ダブルフェースフロアブルでも抵抗性の発達が確認されている。

この結果から読み取れることは、以下の2点である。

①農業現場に勧められそうな剤は、マイトコーネフロアブル、コロマイト乳剤（または水和剤）、アファーム乳剤の3剤しかない。

②この3剤もすべての圃場で有効とは限らない。隣の農家で有効だったからといって過信できない。

かつてのように、この剤さえ散布しておけば大丈夫という殺ダニ剤は存在しない。比較的効果が高い圃場が多かった3剤のイチゴでの使用回数は、マイトコーネフロアブルで2回、コロマイト乳剤・水和剤で合わせて2回、アファーム乳剤で2回である。育苗期のランナーカットから収穫終了まで計6回の薬剤散布で、しかもこれら3剤が必ず効くとは限らない状況で、ハダニを防除するのは至難の業である。促成栽培イチゴでは、殺ダニ剤散布以外の防除、たとえば、カブリダニ製剤や土着のハダニアザミウマといった天敵、気門封鎖剤を組み合わせた防除が必須だと言わざるを得ない。

(4) 使える剤の温存を

なお、表Ⅰ-2はナミハダニに対する検定結果である。効果の低かったカネマイト、スターマイト、ダニサラバ、ダブルフェースもカンザワハダニへの効果は期待できるので、寄生するハダニが赤ダニのみと判別できる場合は使用できる。ナミハダニに効果の期待できる先の3剤の使用は控えて温存したい。また、スターマイトフロアブルはシクラメンホコリダニへの効果も期待でき、カブリダニへの影響はない

表Ⅰ-2　奈良県におけるイチゴ寄生ナミハダニ黄緑型の薬剤感受性（2014～2015年，一部抜粋）

薬剤（IRACコード）	圃場名	効果	薬剤（IRACコード）	圃場名	効果	薬剤（IRACコード）	圃場名	効果
コロマイト乳剤*（6）	A	◎	カネマイトフロアブル（20B）	A	◎	スターマイトフロアブル（25A）	A	◎
	B	×		B	×		B	×
	C	×		C	△		C	×
	D	○		D	－		D	×
	E	○		E	－		E	×
	F	△		F	△		F	×
	G	△		G	△		G	×
	H	○		H	△		H	×
	I	△		I	－		I	×
	J	△		J	－		J	×
	K	◎		K	－		K	×
	L	◎		L	－		L	×
アファーム乳剤（6）	A	◎	マイトコーネフロアブル（20D）	A	◎	ダニサラバフロアブル（25A）	A	－
	B	○		B	×		B	－
	C	○		C	◎		C	－
	D	△		D	×		D	－
	E	◎		E	×		E	×
	F	△		F	○		F	－
	G	○		G	×		G	－
	H	○		H	○		H	－
	I	◎		I	◎		I	×
	J	◎		J	◎		J	×
	K	○		K	○		K	×
	L	◎		L	◎		L	×

注　×：補正死亡率が50%未満，△：同50～70%，○：同70～90%，◎：同90%以上
　　＊：乳剤は仮植前のみの登録．水和剤は乳剤と同じ効果と考えてよい

ので、カブリダニ製剤導入時のホコリダニ防除に使用できる。カブリダニ製剤の導入により殺ダニ剤散布が減少することを見越して、予防的にスターマイトフロアブルを散布するのもよいだろう。ダブルフェースフロアブルもシクラメンホコリダニへの効果を期待できるが、カブリダニへの影響が非常に大きいため、カブリダニ製剤導入圃場では収穫終了間際か、導入まで時間がある8月ころまでに散布する。

話は戻るが、効果の高い圃場が比較的多いマイトコーネフロアブル、コロマイト乳剤（または水和剤）、アファーム乳剤は発売されてから20年前後と、非常に息の長い剤である。新しい農薬の開発には莫大な費用と労力を要するから、今後、新たな殺ダニ剤が次々と発売されることは期待できない。となれば、これらの剤をいかにして延命させるかを真剣に考える時期に来ている。

5 さまざまな侵入ルート

(1) 歩いて、風に乗って、ひっついて

気がついたらすごい数に増えたハダニも、突然どこかからやってきたわけではない。最初は1頭の雌成虫か、少しの卵だったはずだ。それはどこからやってきたのだろう?

ハダニを虫眼鏡で拡大してみると、クモと同じように小さな頭と大きな胴体、そこに8本の脚が付いている。飛ぶための翅はないから、自分の意思で目標に向かって飛んでいくことはできない。

基本的にハダニは歩いて移動する。筆者が、飼育しているナミハダニの雌成虫の歩行速度を測定したところ1時間に７５４cmと推定された。平らな実験台での調査なので、実際の地面ではこの半分も移動できないかもしれないが、根気よく歩くので隣のハウスまで移動するのはそう難しいことではない。

また、ハダニはクモの仲間で糸を操る。カンキツやナシの害虫であるミカンハダニは5月のよく晴れた少しだけ風のある日に、自分が吐いた糸を30cm程度の長さになびかせて、思い切って脚を伸ばして葉から離れ、風まかせの旅に出る。運よく上昇気流に乗れば相当離れたところまで飛んでいく。運が悪ければ、真下に落ちてしまったり、クモの巣にひっかかったりだ。このような危険な旅に出るのは、自分がいる植物の餌としての価値が低下し、自分の子孫がうまく育たないかもしれないことを察知したからだ。

ハダニの移動方法はこれだけではない。ハウスや圃場で作業する人の作業着にくっついて、別のハウスや作物へ移動する。今までハダニが発生していなかったのに、ある日突然発生していて驚いた経験はないだろうか。発生箇所がハウスの入り口近くのいつも最初に作業を始めるうね付近ならば、原因は人力移動の可能性大だ。複数の施設を持っている場合、施設に入る順番は、ハダニが発生していない施設からにしよう。

(2) 笑えない「ハダニ付き苗」の話

ハダニが付いている苗を持ち込んでしまう場合もある。とくに業者から購

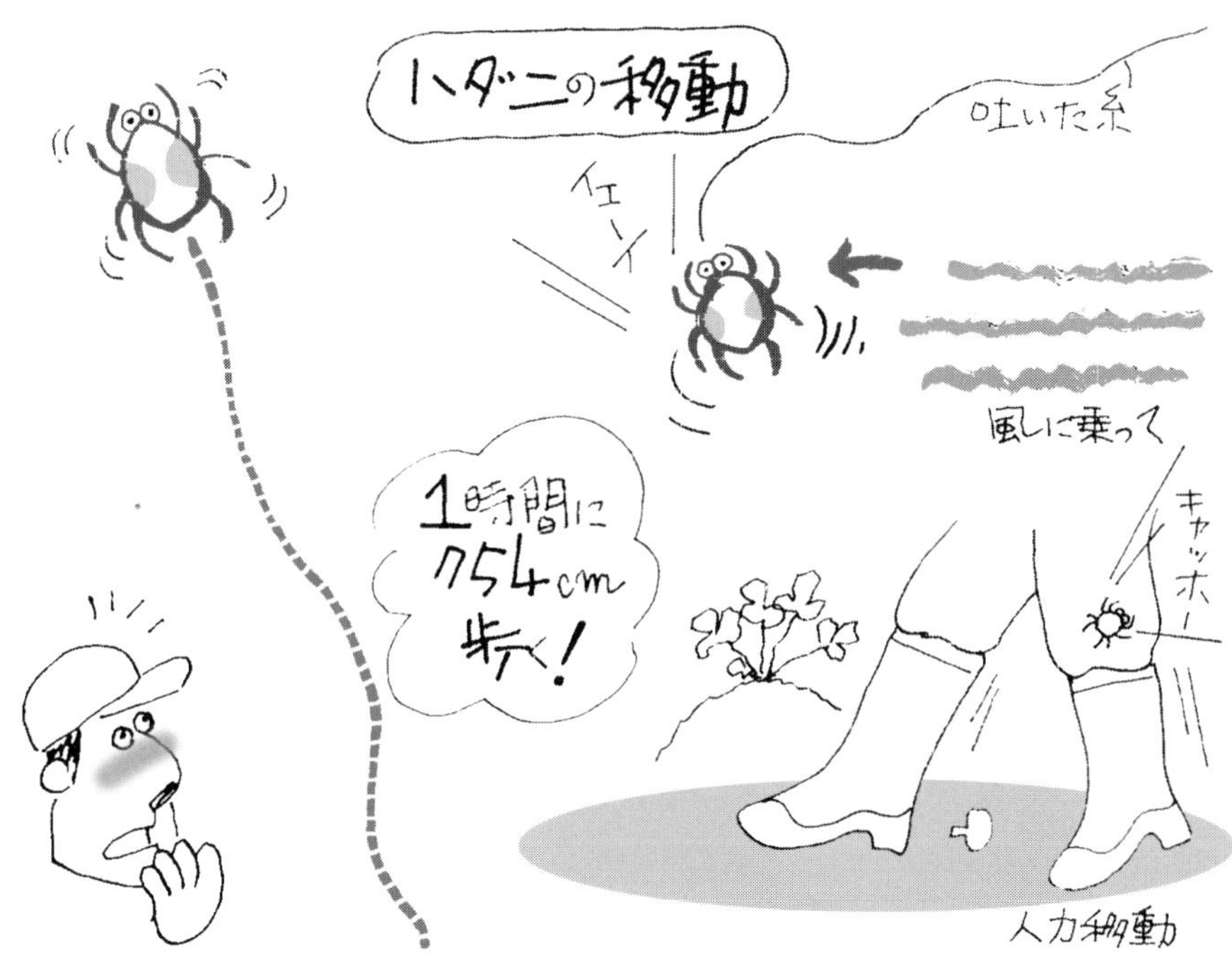

入した苗や他人から譲ってもらった苗は要注意だ。果菜類はもちろん、イチゴ、キクのような栄養繁殖で増やす品目ではよく起こる。育苗の分業化が進み、苗の流通が複雑になっているから、これまでとは素性が違うハダニを相手にすることになる。

笑えない話がある。あるバラ農家から「去年までよく効いていたC剤が今年は全然効かない。徐々に効かなくなったならわかるが、こんなに突然効かなくなるのか？」と相談された。よく話を聞いてみると、品種更新のために今年植え替えをしたとのこと。どうもこのときに抵抗性ハダニ付きの苗を植えてしまったようだ。苗業者は病害虫の寄生がないように、ていねいに薬剤防除を行なっているが、一つ間違うと抵抗性ハダニを生み出してしまう。よほど気をつけていないと気がつかないワナだ。

ところで、圃場周辺の雑草はハダニの発生源なのだろうか？　「うちのイチゴハウスの雑草にはナミハダニが寄生しているぞ」「キク圃場の周囲の雑草からハダニを見つけた」という話はよく聞くし、そのとおりだ。しかし筆者の観察では、イチゴやキクで増殖したハダニが圃場内の雑草に移動しているのだ。図I-3に奈良県でのキクの栽培管理とハダニの移動の関係をまとめてみた。栄養繁殖のキクは親株から

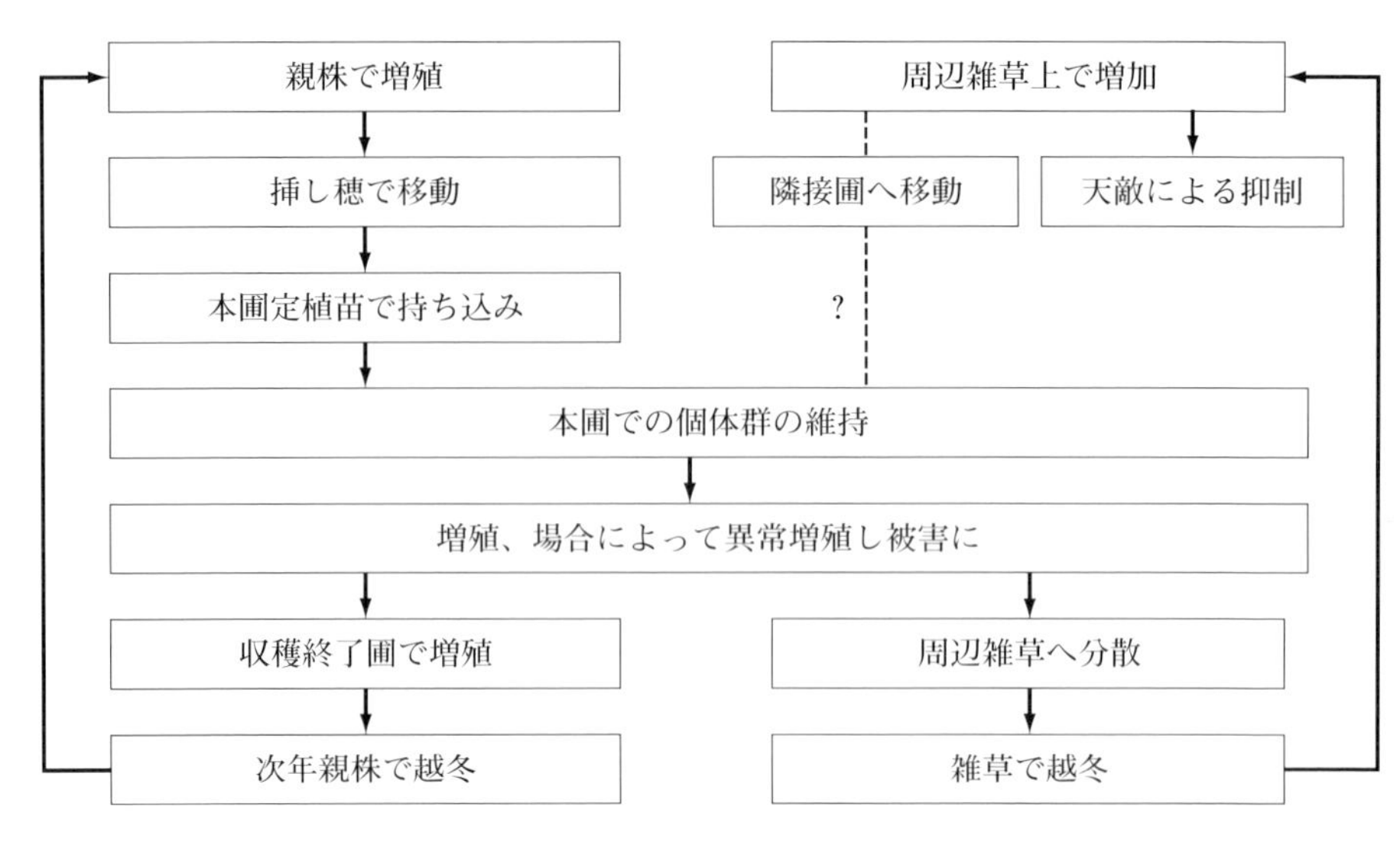

図Ⅰ－3　露地ギクでの管理作業とハダニの生活環

挿し穂で増やしていく。これに乗っかってハダニも移動する。定植後の圃場で増殖すると周辺の圃場や雑草へ分散していく。確かに雑草にも寄生しているので、雑草を処分しておくことは重要なのだが、もともと雑草に寄生していたハダニがイチゴやキクに移動していくわけではない。

(3) 栽培管理でハダニが動く

これまでの農業では、ていねいな圃場管理は美徳だった。きれいに下草が刈られた果樹園などは気持ちがよい。しかし、この草刈りが曲者だ。とくにリンゴ、モモ、ナシなど落葉果樹では、果樹園の下草はハダニとカブリダニのバトルが繰り広げられる重要な場所だ。下手に下草を刈ってしまうとハダニを退治してくれるカブリダニの居場所がなくなり、ハダニを果樹に移動させることになる。

かといって、ズボラがすべてよいわけでもない。イチゴ栽培では光合成能力が低下した葉は摘んでいくが、ズボラな農家は通路に放置する。放置された葉はやがて乾燥し、異変に気づいたハダニは移動を始める。移動する先は元気なイチゴの葉だ。このような通路への葉の放置はハダニの拡大を助長する。

ところが、もしこの圃場でカブリダニを放飼しているなら、放置して正解だ。摘んだ葉をすぐに片づけると、そこに付いているカブリダニごと処分してしまうことになる。しばらくの間放置して、カブリダニもイチゴへ戻ってもらいたい。書いている筆者にも悩ましいが、正解となる対応は、場面場面で変化していく。

ハダニは植物体がなければ生き残れないため、余計な雑草や残渣をすき込むのも有効な防除法だ。ただ、中途半端なすき込みはかえって被害を招いてしまう。イチゴ栽培を3月で切り上げて、その後にトマトを栽培する作型では、イチゴ株をすき込み、別の施設で用意しておいたトマト苗をすぐに定植する。この際、急いですき込んでトマトを植えてしまうと、しぶとく生き残ったハダニがイチゴ残渣からトマト苗に移動してくる。滅多にトマトでハダニ被害は発生しないが、ほかに餌がないのでハダニがトマトに集中して加害した場合には被害に至ることもある。本当に厄介な相手だ。

こんな厄介な相手と渡り合うには、農家側の考え方も変えないといけない。かつてはハダニに限らず、害虫を防除するなら1頭も付いていない状態にしなければならないという農家も多かったかもしれない。しかし、商品となる部分に被害が出ない程度なら、少々ハダニがいても問題ない、というレベルまで妥協できないだろうか。もちろん、観賞作物では厳しいが、妥協できる作物もあるはずだ。われわれの目的はハダニ防除ではない。営農に支障がなければＯＫという寛容な姿勢も必要だろう。

殺ダニ剤散布は難しい技術

1　薬剤散布の失敗の歴史

(1) 定期的な散布は論外

よく講習会で「この殺ダニ剤散布は何のためにやるの？　精神安定剤の代わりじゃないの？」という話をする。毎年大変な目に遭わされていると「殺ダニ剤を散布して一安心できるなら」と思いがちだ。しかし、殺ダニ剤が効きにくいハダニが各地で増えているし、余計な殺ダニ剤散布は、さらにそれを増やしていく。このように考えると、「1週間おきに」とか「2週間間隔で」という定期的な散布は、論外と言わざるを得ない。

「殺ダニ剤さえ散布すれば」という発想からは、他の作業が忙しいとき「早いとこタンクの薬液がなくなればいいのに」という考えが浮かんでくる。「そうだ、散布ノズルを環状5頭口から鉄砲噴口に代えたら、早く散布が終わるな」とか、「動力噴霧機の散布圧力を3MPaに上げれば、勢いが増して早く終われる」という考えも出てくるだろう。

これなら、確かにタンクの薬液は早くなくなるが、防除効果は期待できない。ハダニの寄生場所への薬液付着を考慮していないからだ。今の殺ダニ剤は非常に高価である。500mℓ1瓶で4000～9000円、これを1000～2000倍で使うのだから、効果を発揮させられなかったら大損だ。しかし、早く終わらせようという散布法ではほとんどの薬液は無駄になってしまう。主流の殺ダニ剤には、植物に取り込まれて上位の葉へ有効成分が移動したり、葉表にかかれば裏側まで成分が移動したりといった性質はない。

(2) 限られた条件でしか成功しない

殺ダニ剤を散布してハダニ防除を成功させるには、最低でも次に示す三つの要因を把握していることが条件になる（図Ⅱ-1）。

一つ目は、ハダニの居場所。作物のどの部分に寄生し、圃場のどの部分に多いのか、施設には、いつ、どうやって侵入してくるのか、この時期なら成虫が多く、幼虫や若虫は少ない、といった情報（生活環）だ。相手がどこにいるのかもわからずに、やみくもに薬剤を散布してもかかるはずがない。

二つ目は、薬液の付着状況。散布器具、散布圧力、散布ノズル、圃場管理の状態、作物の生育状況、草丈、葉の枚数、整枝の程度、誘引方法などで薬液の付着状況は変わる。農家ごとに異なる通路幅、支柱の間隔、身長と草丈の関係も付着程度に影響する。もちろん散布した人の技量の差が一番大きい。ある程度の大きさに成長した作物では、葉表、葉裏すべてに薬液を付着させることは非常に難しい。

「何を言うとる。あれだけ勢いよく霧が舞っとる。葉裏なんか簡単にかけられる！」

大きな誤解である。筆者らは、動力噴霧機での散布の付着結果を目に見える形にするために感水紙というものを利用している（写真Ⅱ-1）。写真では便宜上、薬液の付着程度に応じて0〜8の9段階に分けている。最低でも指標3くらいはかかってほしい。この感水紙を薬剤散布前のさまざまな作物の葉裏に付けて薬剤散布してもらった結果を図Ⅱ-2に示した。ご覧のとおり、

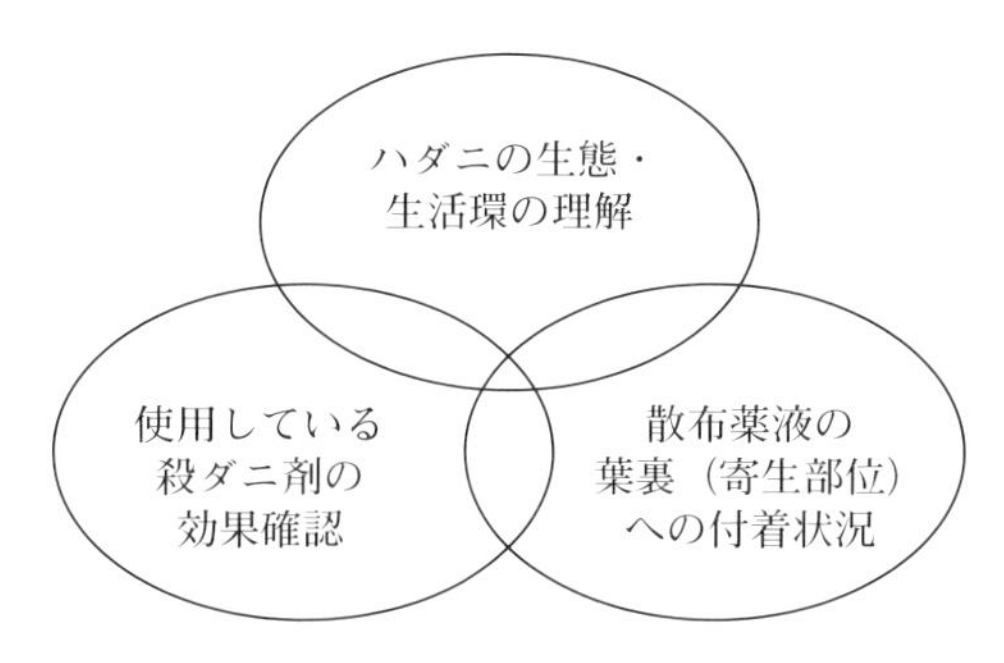

図Ⅱ-1　殺ダニ剤散布でハダニ防除を成功させるための3条件

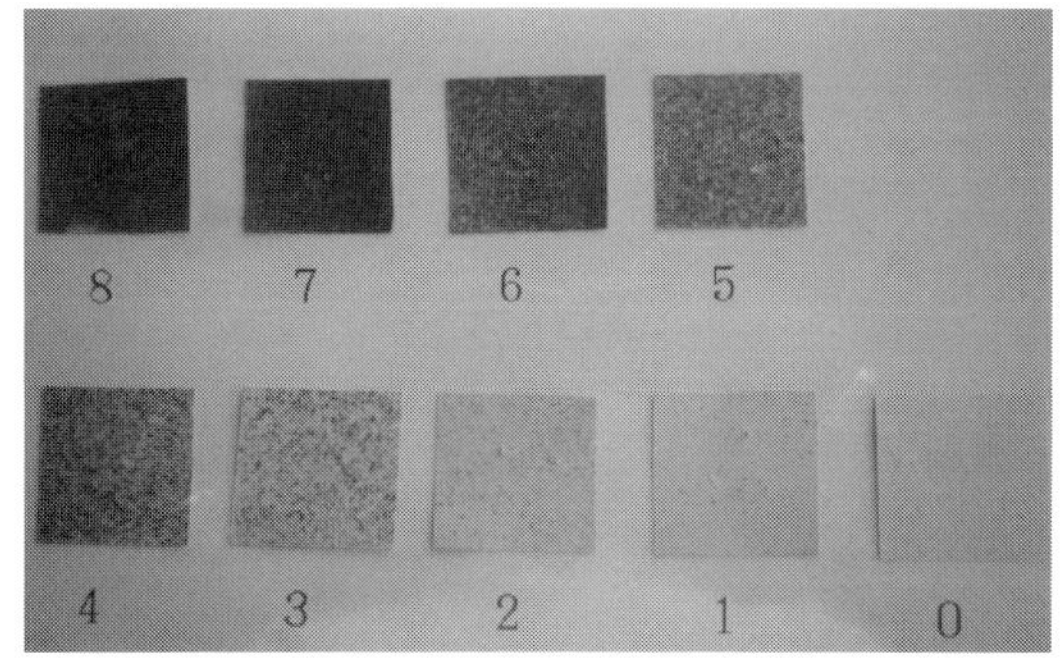

写真Ⅱ-1　感水紙への散布薬液の付着程度

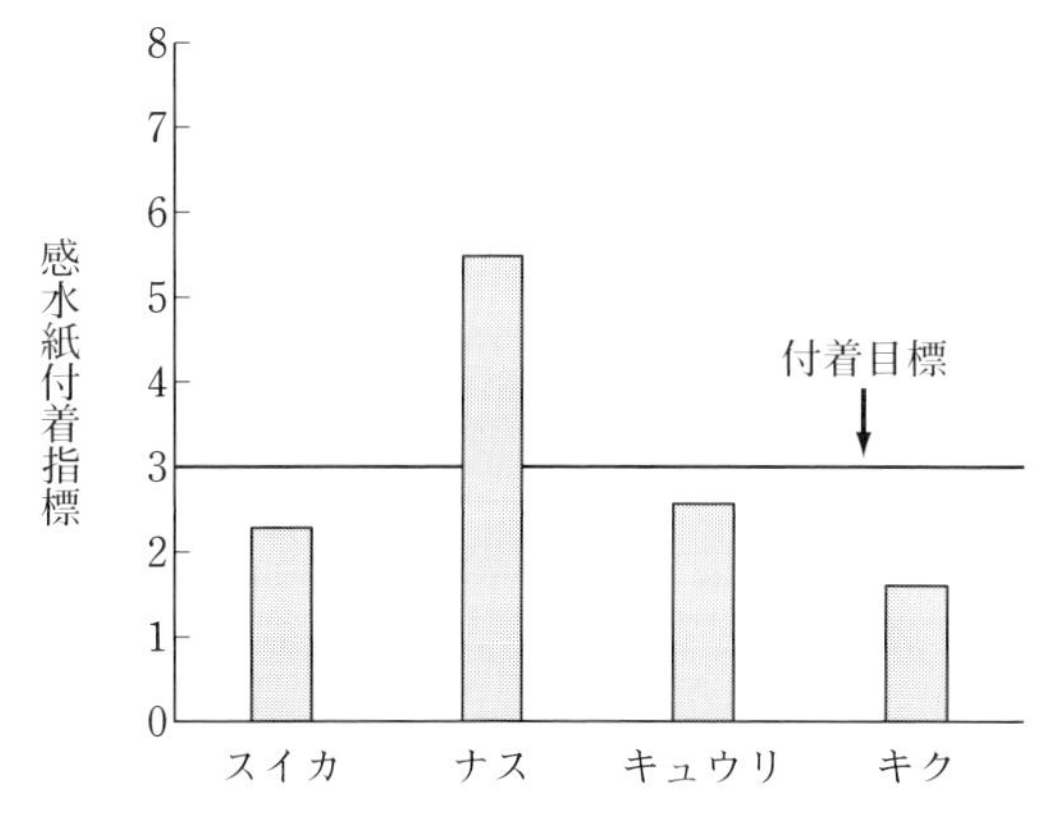

図Ⅱ-2　さまざまな作物での付着状況

ナスを除くいずれの品目も最低目標の指標3に届いていない。これが現実である。

三つ目は、薬剤感受性。散布した薬剤にハダニが強くなっていたら、効果は期待できない。散布2日後にハダニが観察されたら感受性低下が疑われる。県の病害虫防除所などで感受性検定を行なってくれるところもあるので、一度確認してみよう。ただ、効果のある殺ダニ剤を散布しても、ハダニの生活環（どこにいるのか）の理解と、薬液の付着状況（ターゲットに付着しているのか）が十分でない限り、防除は成功しない。

(3) わずかな付着の差が成否を分ける

具体的な例で説明しよう。キク農家のDさんとEさん、ともに栽培歴20年以上のベテランだ。この2人の協力を得て、それぞれのキク圃場に感水紙をセットさせてもらい、自分の道具で殺ダニ剤を散布してもらった。その結果が図Ⅱ-3だ。棒グラフの灰色が葉裏での付着、白色が葉表の状態だ。Dさん、Eさんとも葉表は付着指標4、5以上でよく付着している。しかし、葉裏はどうだろう。Dさんは付着指標1が大半。Eさんも付着指標2が大半。いずれも葉表に比べると葉裏の付着が著しく少ない。

葉裏での付着指標1と2、このわずかな違いがハダニ防除にどのような影響を及ぼすかを示したのが図Ⅱ-4である。これは2人が両方の圃場のハダニに十分効果があるミルベメクチン乳剤を散布した前後のハダニの密度推移を示している。ご覧のとおり、Dさんは3回散布したのにハダニの増加を止められなかった。しかし、Eさんは2回の散布でハダニ密度を抑制できた。

この差の原因は、葉裏への付着のわずか1の違いなのだ。表Ⅱ-1を見てほしい。これはDさん、Eさんの圃場にいたハダニを室内で飼育して、人工的に付着程度を変えてミルベメクチン乳剤を散布したときの死亡率と産卵数を調べた結果だ。さすがに付着指標1や2では成虫はほとんど死亡しない。しかし、注目してほしいのは産卵数だ。付着指標1では生き残った雌成虫は134個も産卵した。しかし、付着指標2では生き残った雌成虫が産んだ卵はわずか10個しかない。付着指標1の違いで、産卵数にこれだけの差が生じたのだ。わずかな付着の差が、その後のハダニの増え方を左右し、防除効果の差になってしまう。防除できなければ結果的に散布回数が増えてしまい、ついには殺ダニ剤が効かないハダニを増やしてしまう。

しかし、三つの条件をクリアできて

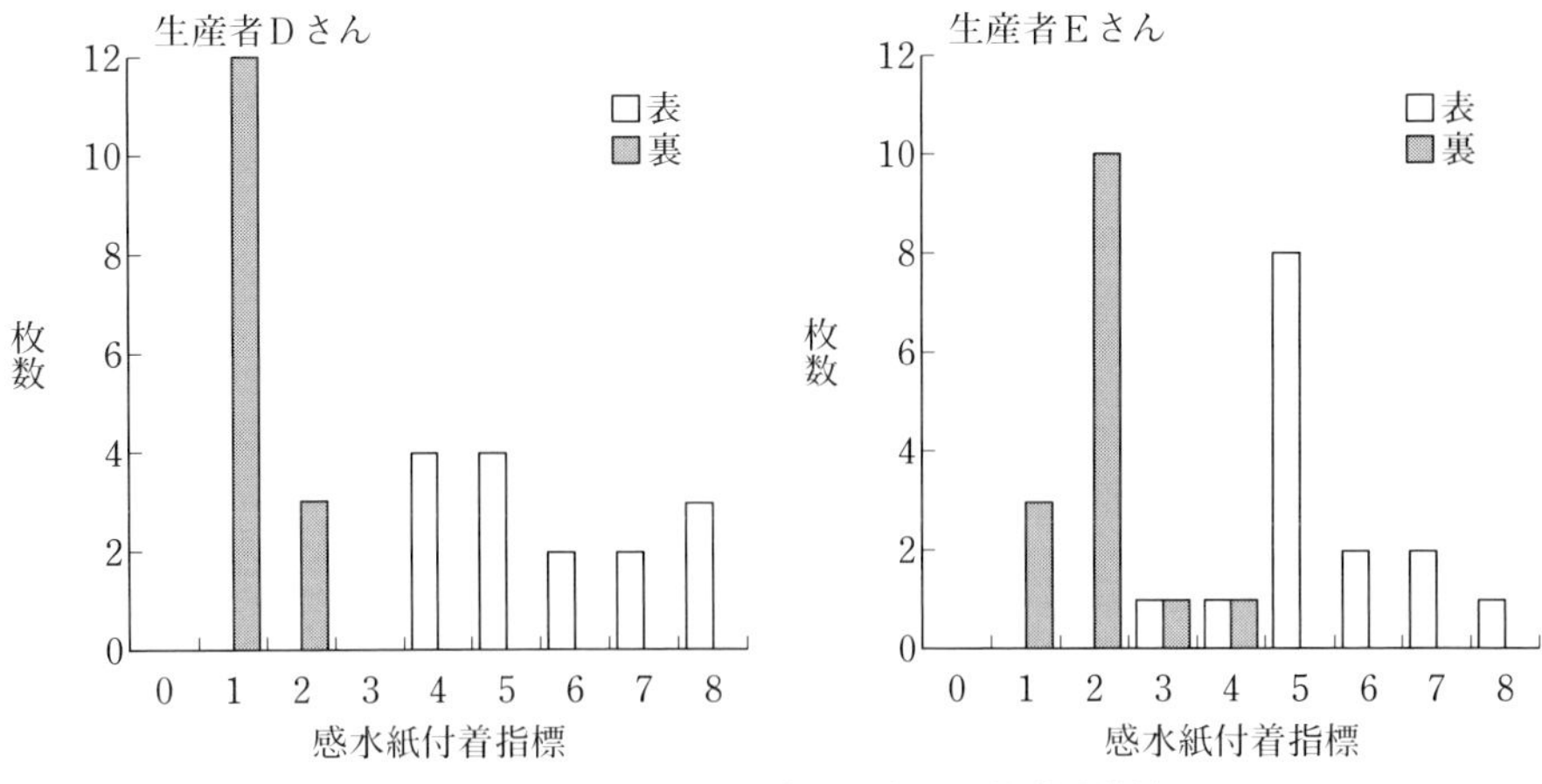

図Ⅱ-3　キク生産者2名の葉の表裏での薬液付着状況

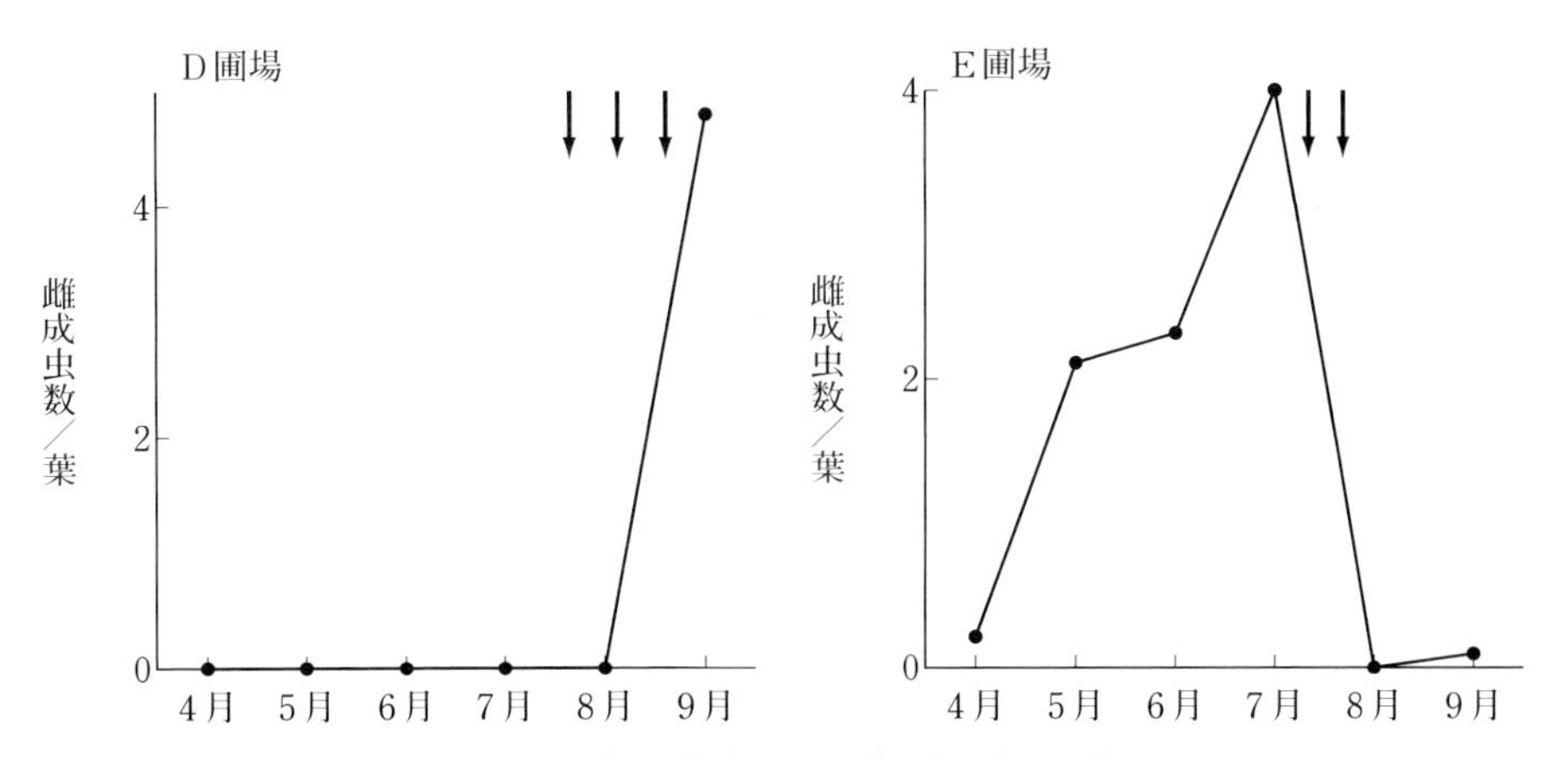

図Ⅱ-4　キク生産者2名の同一殺ダニ剤散布でのハダニ防除効果の違い（國本ら，1998を改変）
注　↓：ミルベメクチン乳剤散布

表Ⅱ-1　ミルベメクチン乳剤の付着程度の違いによる死亡率・産卵数への影響

付着指標	補正死亡率%	産卵数
1	21	134
2	34	10
3	51	6
4～5	97	2
対照（水道水）	0	506

注　ミルベメクチン乳剤1000倍液を付着程度を変えて散布

いる人は、あまり多くないようだ。筆者はさまざまな野菜・花き類産地で薬剤散布の技術指導を行なってきたが、多く見積もっても半分にも満たないだろう。忙しい合間を縫って薬剤散布をした後に、葉裏への付着状況を観察する余裕はない。散布した２日後にハダニが死亡しているかどうかで感受性を観察する人はほとんどいない。だからといって、このままでよいわけではない。やはり、少しでも薬液の付着がよくなる工夫を重ねていく必要がある。

2 効く？ 効かない？ 殺ダニ剤の現状

（1）剤の作用と抵抗性の発達

殺ダニ剤の話の前に、薬剤抵抗性について簡単におさらいしておこう。一つのイチゴ栽培施設には膨大な数のハダニがいる。仮に１株に５枚の葉があり、１枚の葉に１頭寄生しているとする。10ａで７０００株定植なら７０００株×５葉＝３万５０００葉となり、３万５０００頭のナミハダニがいることになる。この中には変わり者が混じっていて、生まれつきＡ剤が効きにくいハダニ、Ｂ剤が効きにくいハダニなどがいるのだ。ここにＡ剤を散布して防除すれば生まれつきＡ剤が効きにくいハダニが残り、その子孫が増えるとＡ剤が効きにくいハダニの割合が増していく。

殺ダニ剤を散布すると、有効成分がハダニの体内に入る。有効成分ごとに効果が発揮される部位が決まっていて、それぞれの部位に到達して作用する。たとえばシフルメトフェン（商品名ダニサラバ）やシエノピラフェン（商品名スターマイト）は、ミトコンドリア（酸素呼吸をつかさどる細胞内の小器官）の代謝系の働きを阻害する。これに対し、エマメクチン安息香酸塩（商品名アファーム）やミルベメクチン（商品名コロマイト）は神経系に作用して、神経抑制をさせない（興奮させ続ける）。

生まれつきＡ剤が効かないハダニは、Ａ剤が作用する部分が突然変異で変化していたり、Ａ剤を分解・排出するのが早かったりする。

（2）農薬の選択にＩＲＡＣコードを

各剤の作用性を覚えるのは難しいため、一目でわかるようにしたのがＩＲＡＣコードである。世界農薬工業連盟の殺虫剤抵抗性対策委員会（略称IRAC）が有効成分の作用性を系統分類したもので、1～29の数字とアルファベットのABCを組み合わせている（作用性が明らかでないものはUNと表示）。先ほどのダニサラバやスターマイトなら、作用機構は「ミトコンドリア電子伝達系複合体Ⅱ阻害剤」、IRACコードは「25」だ。難しい作用性の名前より数字のほうが識別しやすい。参考までに国内で販売されている主な殺虫剤、殺ダニ剤のIRACコードをまとめてみた（表Ⅱ-2）。

ハダニの薬剤抵抗性メカニズムには、体内に有効成分を解毒分解する酵素の量が多いとか、解毒分解速度が速いというものから、作用部位の遺伝子配列が変化してしまい有効成分が機能しないというものまで、さまざまなタイプがある。これらが組み合わさった場合もあり、非常に複雑だ。

もともと殺ダニ剤の使用濃度は、抵抗性が出てくることを見越して、ハダニに効果がある濃度よりも相当濃く設定されている。しかし、中途半端な付着状況では1回の散布でハダニを一掃できない。再び同じ作用性の剤を使わざるを得なくなり、強い子孫を残すことになる。そうなる前に、異なる作用性の剤を使うことで、抵抗性の発達を回避しようというのがローテーション（輪用）の考え方だ。前回とは違うIRACコードの剤を選ぼう。違う商品名の剤でも同じ作用性のこともある。次の散布は違う商品名の剤にしたからローテーションできている、とは言えない。IRACコードなら、そんな心配がなくなる。

(3) ローテーション散布できない作物も

ローテーションには、効果があり作用性の異なる剤が最低でも3～4種類は必要になる。2種類しかなければ交互に使うことになり、輪用とは呼べない。ところが、先に紹介した奈良県のイチゴのナミハダニの例では、効果のある殺ダニ剤が2～3種類しかなく、これらをIRACコードで分類すると2種類しかない場合も多い。すでにローテーションという考え方が成立しない。生産量が少ないマイナー作物では、もともと登録されている農薬が少ないため、殺ダニ剤の選択肢が一つしかない例もある。

ハダニに限らず、薬剤抵抗性を発達させないコツは薬剤散布回数を最小限にすることに尽きる。たとえば、岩手県のリンゴ産地ではバロック水和剤の使用を1年おきにしようと決めて、防除暦でも徹底されている。このおかげで、他産地ではすでに使えなくなっているバロック水和剤が現役で活躍して

作用機構／作用部位	IRACコード	化学グループ	主な薬剤
12　ミトコンドリアATP合成酵素阻害剤	12A	ジアフェンチウロン	ガンバ
	12B	有機スズ系殺ダニ剤	
	12C	プロパルギット	オマイト
	12D	テトラジホン	テデオン
13　脱共役剤	13	ピロール、ジニトロフェノール、スルフルラミド	コテツ
14　ニコチン性アセチルコリン受容体阻害	14	ネライストキシン類縁体	パダン、ルーバン、エビセクト
15　キチン生合成阻害剤タイプ0　チョウ目害虫	15	ベンゾイル尿素系	アタブロン、カスケード
16　キチン生合成阻害剤タイプ1　カメムシ目害虫	16	ブプロフェジン	アプロード
17　ハエ目の脱皮阻害剤	17	シロマジン	トリガード
18　脱皮ホルモン（エクダイソン）受容体アゴニスト	18	ジアシル-ヒドラジン系	マトリック、ファルコン、ロムダン
19　オクトパミン受容体アゴニスト	19	アミトラズ	ダニカット
20　ミトコンドリア電子伝達系複合体Ⅲ阻害剤	20A	ヒドラメチルノン	
	20B	アセキノシル	カネマイト
	20C	フルアクリピリム	タイタロン
	20D	ビフェナゼート	マイトコーネ
21　ミトコンドリア電子伝達系複合体Ⅰ阻害剤	21A	METI剤	ピラニカ、サンマイト、ダニトロン、マイトクリーン、ハチハチ
	21B	ロテノン	
22　電圧依存性のナトリウムチャネル阻害	22A	オキサジアジン	トルネード
	22B	セミカルバゾン	アクセル
23　アセチルコリンCoAカルボキシラーゼ阻害	23	テトロン酸およびテトラミン酸誘導体	ダニエモン、クリアザール、ダニゲッター、モベント
24　ミトコンドリア電子伝達系複合体Ⅳ阻害剤	24A	ホスフィン系	
	24B	シアニド	
25　ミトコンドリア電子伝達系複合体Ⅱ阻害剤	25A	β-ケトニトリル誘導体	ダニサラバ、スターマイト
	25B	カルボキサニリド系	ダニコング
28　リアノジン受容体に作用	28	ジアミド系	フェニックス、プレバソン、ベネビア、ベリマーク
29　弦音器官モジュレーター　標的部位未特定	29	フロニカミド	ウララ
UN　作用性の明らかではない化合物	UN		プレオ

表Ⅱ-2 殺虫剤の作用機構分類（IRAC）

作用機構／作用部位	IRACコード	化学グループ	主な薬剤
1 アセチルコリンエステラーゼ阻害剤	1A	カーバメート系	オンコル、ガゼット、ラービン、ランネート、バッサ、オリオン
	1B	有機リン系	オルトラン、ダーズバン、ダイアジノン、マラソン、スミチオン、スプラサイド、トクチオン
2 GABA受容体阻害	2A	環状ジエン有機塩素系	
	2B	フェニルピラゾール系	プリンス、キラップ
3 ナトリウムチャネル調整阻害	3A	ピレスロイド系	アーデント、トレボン、アディオン、アグロスリン、テルスター、マブリック
	3B	DDT	
4 ニコチン性アセチルコリン受容体アゴニスト（作動薬）	4A	ネオニコチノイド系	アドマイヤー、ダントツ、スタークル、アルバリン、モスピラン、ベストガード
	4B	ニコチン	
	4C	スルホキシミン系	
	4D	ブテノライド系	
	4E	メソイオン系	
5 ニコチン性アセチルコリン受容体に作用	5	スピノシン系	スピノエース、ディアナ
6 クロライドチャネル活性化	6	アベルメクチン系、ミルベマイシン系	アグリメック、コロマイト、アファーム、ミルベノック、アニキ
7 幼若ホルモン様物質	7A	幼若ホルモン類縁体	
	7B	フェノキシカルブ	
	7C	ピリプロキシフェン	ラノー
8 その他の非特異的阻害剤	8A	ハロゲン化アルキル	ネマモール
	8B	クロルピクリン	クロルピクリン
	8C	フルオライド系	
	8D	ホウ酸塩	
	8E	吐酒石	
	8F	メチルイソチオシアネートジェネレーター	NCS、バスアミド、ガスタード、キルパー
9 カメムシ目の摂食阻害剤	9B	ピリジン アゾメチン誘導体	チェス、コルト
10 ダニの成長阻害剤	10A	クロフェンテジン、ジフロビダジン、ヘキシチアゾクス	カーラ、ニッソラン
	10B	エトキサゾール	バロック
11 微生物由来の昆虫中腸内膜破壊剤	11A	*Bacillus thuringiensis* と生産殺虫タンパク質	トアロー、チューリサイド、バシレックス、エスマルク、フローバック、ゼンターリ
	11B	*Bacillus sphaericus*	

いる。イチゴやキクで薬剤散布回数を最低限にするには、1回の散布の防除効果を最大限に上げるしかない。そのために、合理的な散布動作を身につけ、葉裏への確実な薬液付着を実現しよう。

3 効果的な散布のための動作改善

(1) テニスやゴルフの練習と同じ

テニスやゴルフをする人は、上達のために本を読んだり、DVDを見たり、教室に通ってレッスンを受けたりする。教室ではコーチからクラブの振り方、ラケットの持ち方などを手取り足取り教わる。我流ではうまくいかない人も、正しいスイングを学んで何度も練習し、時にはビデオで自分のフォームを見て、うまい人とどこが違うのか比べてみる。そして再び練習して正しいフォームが習得される。この一連の流れが動作改善だ。さまざまなスポーツで理論立てた研究が行なわれている。

ひるがえって、薬剤散布はどうだろうか（写真Ⅱ-2）。テニスやゴルフと考え方は同じはずだが、上達本やDVDを本屋で入手できないし、薬剤散布が上手になる教室も聞いたことがない。農業大学校でも散布竿の操作法を教えてくれるところはあまりない。つまり、散布動作は農家が独学で身につけたものなのだ。

スポーツの世界では何十年も前からやっている手法が、薬剤散布では未だに導入されていない。オリンピックを目指すわけではないけれど、合理的な方法で学べば短期間で上達できるはずなのに、それがないまま今日に至っているのだ。

(2) 意外と簡単、やれば効果

聞き慣れない「動作改善」という言葉だが、目標に薬液を到達させるのに合理的な動作になっているかという観点があれば意外と簡単だ。普及指導員に相談してみるのが一番いいが、家族、友人など、第三者に自分の散布動作を見てもらってもよい。大事なのは、動作が滑らかかではなく、薬液が目標（葉裏）に向かって飛んでいるかだ。目標に飛ばすためにはどうすべきか、という目線で見てもらう。もし、第三者の協力が得られない場合は、自分の散布動作をセルフタイマーで動画撮影し、

写真Ⅱ-3　農業大学校の学生への薬剤散布講習

写真Ⅱ-2　イチゴへの薬剤散布

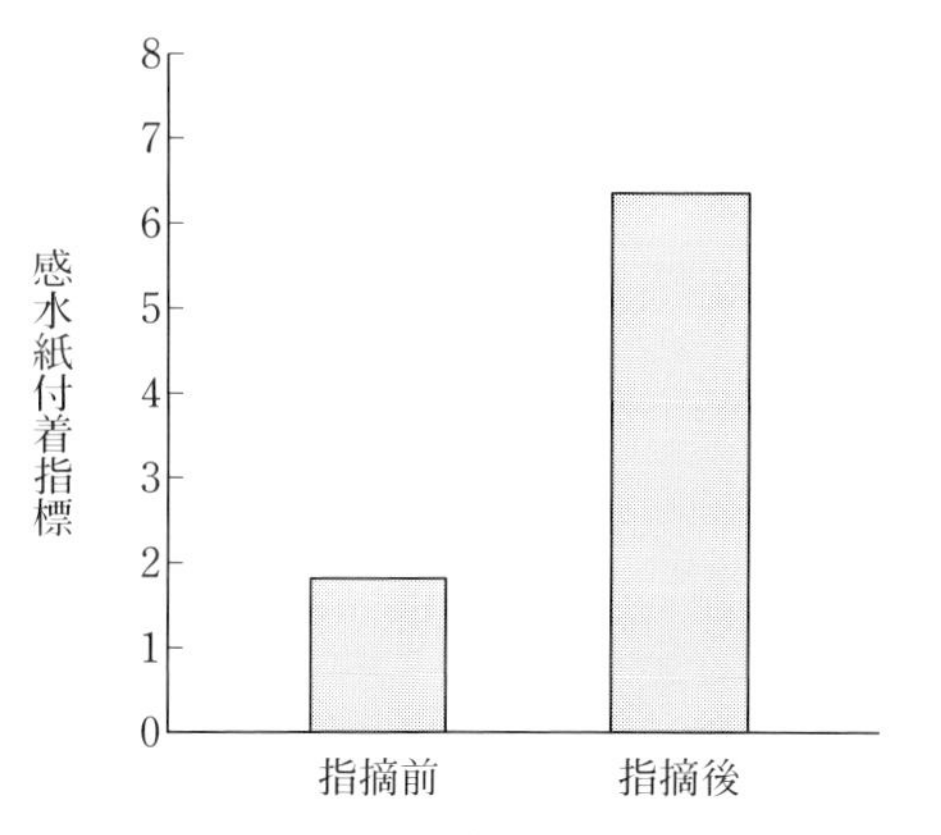

図Ⅱ-5　動作改善指導による葉裏への薬液付着の向上

自分で見るのもよい方法だ。

動作改善による効果を示したのが図Ⅱ-5だ。指導を受ける前後で付着程度が大きく違っている。やればそれなりの効果はある。

写真Ⅱ-3は、筆者が奈良県農業大学校（現・なら食と農の魅力創造国際大学校）の学生に、キュウリの薬剤散布動作を指導しているところだ。ほとんどの学生が薬剤散布は初めてだが、逆にこれがよいのかもしれない。独学でやっていないので、こちらの説明したとおりにやってくれる。みんな上達が非常に早い。

4 葉裏まで薬液をかけるコツ

(1) 葉裏にもかかっているという錯覚

世の中に洗浄機付き便座が発売されたときのCMが「お尻だって洗ってほしい」だった。尾籠な話で恐縮だが、これぞまさに葉裏に薬液をかける極意だ。便座に座った状態のお尻に水をかけるには下から上（厳密には下から斜め上）に水が飛ばなければならない。同じように葉裏に薬液をかけるなら、ノズルから飛び出す薬液の粒子は上向きに飛ばなければならない。ノズルは上向きのはずだが、多くの農家の散布中のノズルは作物に対して横向きになっている。ノズルから勢いよく扇状に飛び出す霧は、あらゆる方向に飛んでいくように見えるし、作物からしたたり落ちる薬液を見ていると、葉裏にもかかったように思えてしまう。これが錯覚だとは、なかなか気づかない。

(2) 散布圧は1MPaに！ 3MPaは強すぎる

果樹の場合、樹高が高く、主枝が広がり、徒長枝も出ていれば、散布圧を3MPaくらいの高圧にして遠くまで薬液を飛ばさなければならないこともある。しかし、野菜や花栽培では1MPaで十分である。しかも、市販のノズルは散布粒子がつぶれずに飛んでいく最適な散布圧が決まっている。その多くが1〜1.5MPa（昔の10〜15kg／cm²）程度だ。

農家の散布圧は高めに設定されていることが多い。「そんな低圧で散布しとったら、タンクが空になるころには日が暮れるわ！」と、何度も言われた。早く終わりたい気持ちはわかるが、その散布、ハダニを防除したいのか、タンクを空にしたいのか、どっちですか？

(3) 通路に寝転んで準備運動？

具体的な竿の動かし方の前に、準備運動をしよう。筆者は現場講習会でよくやるのだが、圃場の通路に仰向けに寝転がって、そこからキュウリやナスの葉がどう見えるのかを観察するのだ。寝転がった位置から見える葉は、その位置、つまり地面に近い位置に上向きにノズルを持っていけば、葉裏に薬液を付着させることが可能な葉と言

える（写真Ⅱ－４）。

そして、「下の葉と重なった位置の葉が見えない」という死角の存在に気づく。元肥の効かせすぎで大きくなった下葉があると上の葉はほとんど見えない。また、朝と夕方にやってみると、見える部分が違うのに気づく。朝は葉がピンと張っていて見える面積も大きいが、夕方、葉がうなだれてくると、見える面積は狭められる。つまり、か

写真Ⅱ－4　通路に寝転がった状態からの葉裏の見え具合

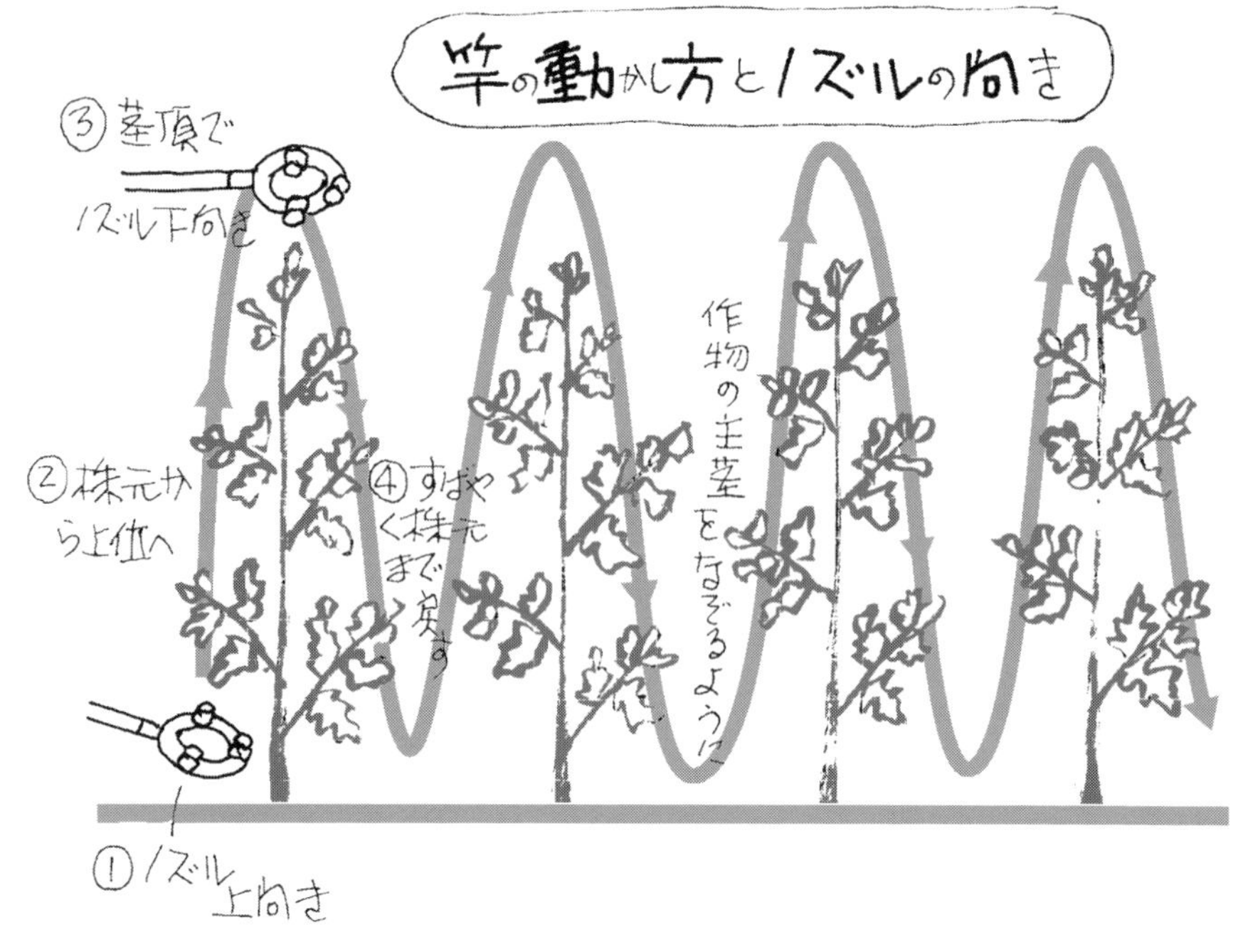

けにくなることがわかる。どこの部位がかけにくいか、どの時間帯ならかけやすいか、これを知っていると知らないとでは、付着結果に大きな差が生じる。

道具選びにはさまざまな考え方がある。たとえば長い散布竿を使うと、ノズルと作業者の体との距離を確保でき、薬液の被曝量が少なくなると考えられる。ただ、実際の被曝量は前進散布か後退散布か、散布後の作物に体が触れるかで大きく変化する。短い竿は軽くて扱いやすく、すばやく動かせるが、手首や腕に負担がかかりやすい。長い竿は遠くまで散布できるが、重いし通路の端での取り回しは窮屈になる。それぞれに一長一短がある。栽培品目ごとに支柱や誘引ヒモの配置も異なるので、これらの障害物を避けて動かすことを前提に、窮屈にならないように散布竿の長さを決めよう。

(4) 竿の動かし方、ノズルの向きが大事

ナスやキュウリへの薬剤散布は、ホースを引きながら通路を前進（あるいは後退）しつつ、竿を上下させていくことになる。このとき、ノズル部分に注目するとその動きは波形になっている。この波と波の間の部分が付着むらになってしまう。長い散布竿の場合は、ノズルからの薬液噴霧幅で上下させていく。一方、短い竿なら腕をすば

やく上下に動かすことで波と波の間隔を小さくする方法がよく行なわれる。

ただ、このような動きは作物全体への散布むらを少なくする注意点であって、実際には、個々の葉裏への付着という立体的な散布むらを考慮しなくてはならない。このポイントがノズルの向き（角度）というわけだ。

ノズルを上向きに維持しながら、散布竿を株元から上位へと移動させる。そして、ノズルが茎頂部までたどり着いたら下向きに変えて、すばやく株元まで戻す。これを作物の主茎をなぞるように行なう。竿の長さに関係なく、この動かし方は共通だ。

対象がイチゴや鉢花の場合は、株元に噴口を差し込んで、株のまわりを一周させる動きになる。もちろん、噴口の向きは上向きだ。

果樹へのスピードスプレーヤー（SS）による散布では、整枝・剪定で風の通りをよくし、SSが安心して通れる道を整備する。手散布の場合は、主幹をていねいに追いかけることを心がけよう。茎葉からの薬液の滴りの中、噴口の向きを意識し続けるのは至難の業で、長時間の作業は体への負担を増し、作業精度も低くしてしまう。高齢になって散布作業に負担を感じる前に、樹形を変更するなどして作業性の面から自分の園を見直すことも必要だ。

5 気門封鎖剤を活用する

(1) 動作改善できれば有効

葉裏への薬液付着を実践できると、気門封鎖剤が活用できるようになる。ヒトと違って昆虫やダニは体の表面に気門と呼ばれる空気吸入口がある。これを界面活性剤や粘着性物質でふさいで窒息死させるのが気門封鎖剤である（実際には気門の内部に入り込んで、もっと複雑な仕組みで死に至らせていると考えられている）。ハダニの気門は腹部の背中側の前のほうにあり、いい加減な散布では効果は期待できない。また、残念ながら直接かかっても100％死亡させることはできない。おそらく、ハダニの背中に生えている毛や散布した粒子の大きさなどの影響があると思われる。

ただ、使用回数に制限がないので、3回、4回と続けて散布すれば、それなりの効果は期待できる。「ただでさえ薬剤散布は大変なのに、そんなにまけないよ」という声が聞こえてきそうだが、次節で紹介するストロベリーノズルを使うと楽に散布できる。

(2) 効く剤がないときの助けに

気門封鎖剤は物理的にハダニを殺すので薬剤抵抗性の心配がない。殺ダニ剤がほとんど効かない場合には頼りになる存在だ。

ただ、現在市販されている気門封鎖剤には、デンプン、還元澱粉糖化物、マシン油、なたね油、オレイン酸ナトリウム、プロピレングリコールモノ脂肪酸エスレル、脂肪酸グリセリドなど、異なる原料の製剤が販売されている。それぞれの剤ごとに希釈倍率やハダニへの効果も異なる。具体的には脂肪酸グリセリドはハダニへの効果はやや低い。連用により薬害が生じる可能性もあるので注意が必要だ。

6 噴口・ノズルに詳しくなる

(1) 魔法のノズルは存在しない

「おすすめのノズルはどれですか?」とよく質問されるが、どんな作物で、どのくらいの面積・生育ステージか、対象病害虫は何か、散布竿はどのくらいの長さか、といった情報がないと答えられない。それに替えるだけで簡単に防除できる魔法のノズルは存在しない。そのことを踏まえた上で、特徴的な噴口・ノズルを紹介しよう。対象とする圃場の外に薬液が飛散しないようにするドリフトレスノズルなど、目的に応じたノズルも次々に開発されているので、今後の開発に期待したい。

(2) 板野式噴口
——手と連動、自在に操作

これは、奈良県平群（へぐり）町のイチゴ農家の板野さんが考案したものだ。薬剤散布竿の握り手部分に直接ノズルを付けただけだが（写真Ⅱ-5）、手の動きと連動するので、ノズルの向きや動きを自由に操ることが可能になる。

板野さんは、これで育苗期後半のイチゴ苗の殺ダニ剤散布を行なっている。この時期の防除は、本圃にハダニやうどんこ病を持ち込まないために確実に葉裏に薬液を付着させたい。しかし、普通の散布竿とノズルでは混み合って並んでいるポットの間にノズルを入れていくのは至難の業。そこで板野式噴口の出番となる。自由に操れる特徴を活かして、混み合ったポットの間もすいすいノズルを入れていける。確実に下から上向きに散布できるので防除効果も高い。

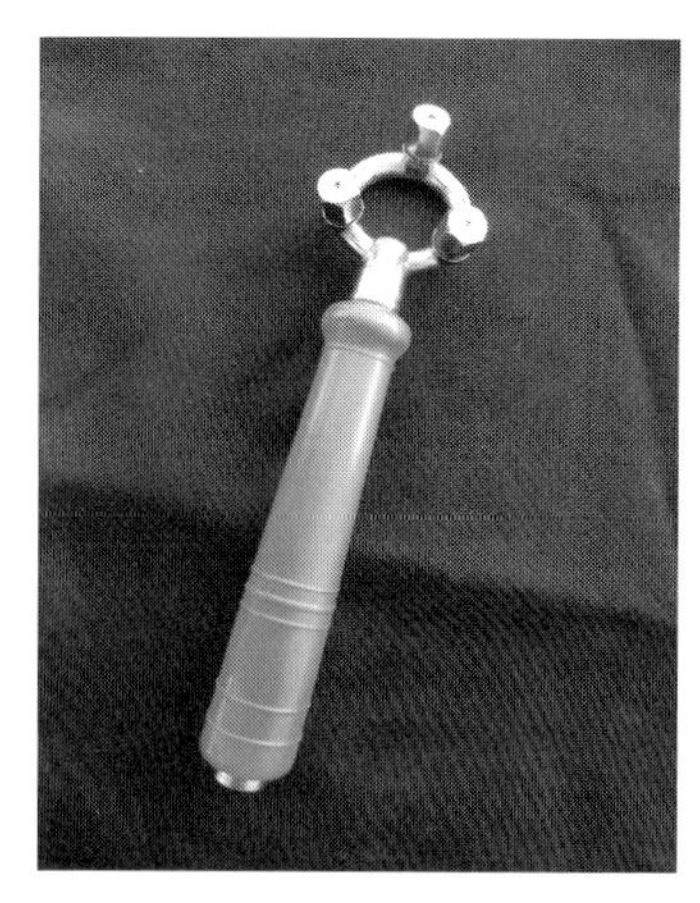

写真Ⅱ-5　高設栽培イチゴ定植後のハダニ・うどんこ病専用ノズル
奈良県平群町の板野さんが考案した「板野式噴口」. 板野さんは育苗期後半の殺ダニ剤散布に使用

ただ、1点だけ問題がある。これは噴口を直接持つようなものなので、散布時の薬液被曝が多くなってしまうのだ。そのため、マスクはもちろん、利き腕には長めの手袋をするなど防護を固めて散布してほしい。従来の散布よりも散布時間、散布薬量ともに増えるので、そのつもりで取り組む覚悟が必要になる。

写真Ⅱ-6　ストロベリーノズルによる薬剤散布

(3) ストロベリーノズル
——作業時間が大幅減

散布竿の先に取り付ける噴管がイチゴ栽培うねの形に合うように逆杯形をしている。噴管の中央と下端にノズルが付いており、角度を変えられる(写真Ⅱ-6)。これにより、低い位置から斜め上向きの噴霧が可能となり、葉裏への薬液付着が期待できる。

このノズルの最大の特徴は、散布作業時間の短縮と作業負担の軽減にある。散布竿を構えて通路を歩くだけで、腕の上下動がないので、作業者への負担が少ない。筆者らの調査では散布作業時間は慣行の手散布に比べて、7分の1程度だった。

ただし、イチゴの株の特定の部位に

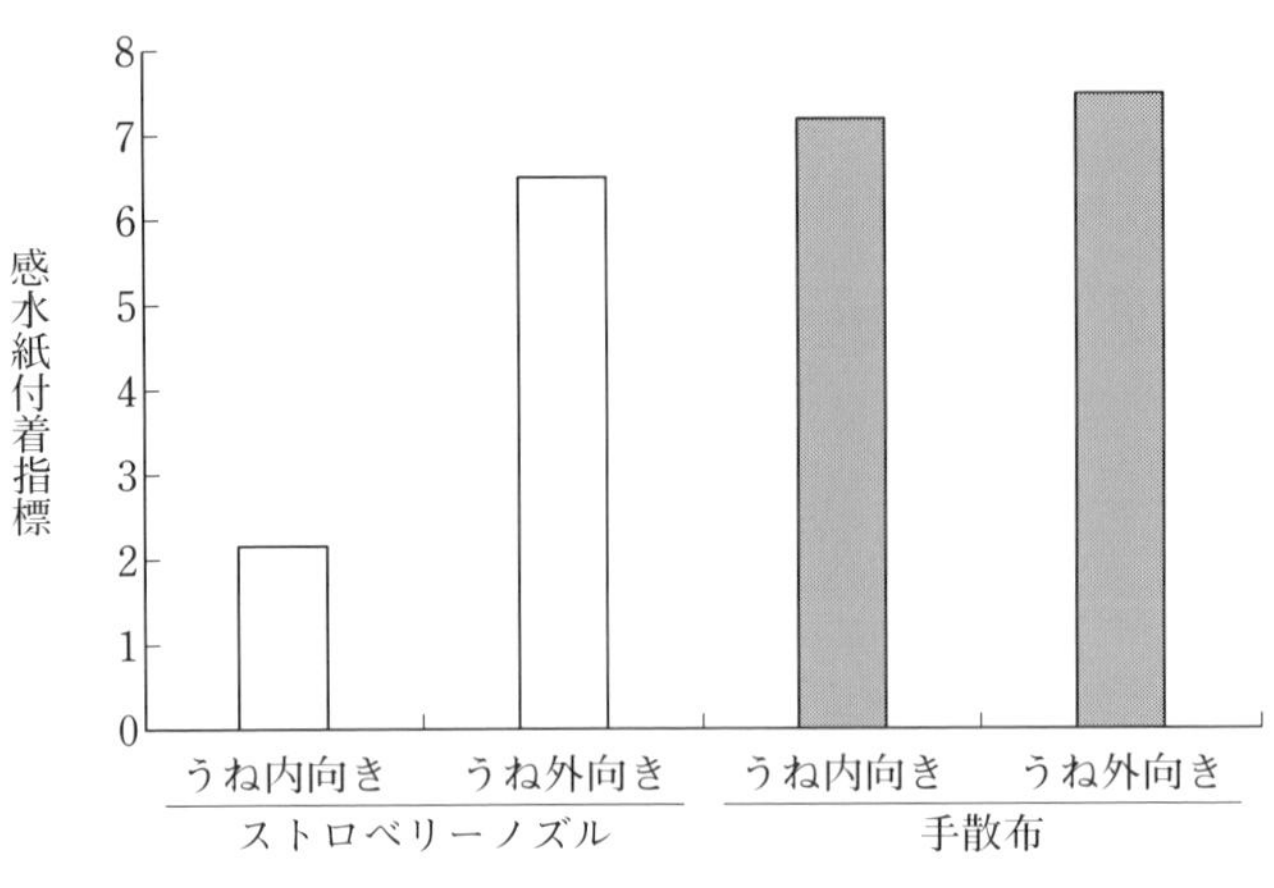

図Ⅱ-6　高設ベンチうねでの葉裏への付着状況
注　被験者は50歳男性で薬剤散布経験20年，高設栽培，反復なし

薬液がかかりにくい。通路に面した側の葉裏への薬液付着は良好だが、二条植えの内側に向いた葉の裏側への付着は慣行の手散布よりもよくない(図Ⅱ-6)。この点を承知した上で、作業時間短縮、省力化を考えるなら便利なノズルだ。ハダニ防除、うどんこ病防除で要所の時期には通常のノズルでしっかり散布し、それ以外の時期はストロベリーノズルを使う、というのも一案だろう。

(4) 静電噴口 ――散布薬量が半分に

慣行のノズルから散布された粒子は数百μm程度の大きさだ。この散布粒子をより細かくし、帯電させると、地球につながる作物は帯電粒子を表面に引き寄せるので、葉の表裏へまんべんなく粒子が付着するというのが静電散布の仕組みである。

筆者らがイチゴで確かめてみたところ、確かに葉縁部では葉裏に粒子が回り込んでくれるのだが、葉裏全面には回り込んでくれない。葉の裏側全面が濡れるほど散布粒子が回り込んでくれるとよいのだが、そこまでは難しいようだ。

粒子が大幅に小さくなるので、散布薬量は慣行の手散布の半分程度で済み、経済性はアップする。ただし、帯電させるために乾電池を噴口付近に入れるものは先端部が重くなり、長時間散布すると腕への負担が大きい。販売価格も数万円と結構なお値段だ。まずは新品の慣行ノズルを購入して、動作改善をすることをおすすめしたい。

天敵製剤を使いこなす

これまで見てきたように、ナミハダニの殺ダニ剤散布による防除は相当難しい。そこで登場するのがカブリダニ類を中心とする天敵だ。ハダニにとって大きな脅威だが、農薬に弱い存在でもある。どのように活用すればいいのだろう。まずはイチゴなどでの天敵製剤（ミヤコカブリダニ、チリカブリダニ）の使い方を取り上げる（写真III-1、III-2）。

1 発注と放飼のタイミング

(1) 今日頼んで明日到着とはいかない

促成イチゴ栽培での利用を考えてみると、9月上旬にイチゴを定植して、フィルムを被覆する10月中下旬以降でないとカブリダニは放飼できない。寒くなりすぎるとカブリダニの増殖が鈍くなるので、できれば11月上旬くらいまでには放飼したい。放飼までにハダニ防除を済ませておきたいが、カブリダニへの影響日数を考えるとコロマイト水和剤の散布は9月中には済ませることになる。このように、カブリダニの使用時期や、組み合わせて使える薬剤の影響日数、さらに稲刈り、ハウスの被覆作業など、他の管理作業と調整していくと、おのずと放飼できる時期は限られてくる。

現在、多くのカブリダニ製剤は海外からの輸入に頼っている。さまざまな品物が今日頼めば明日来る時代だが、カブリダニ製剤はそうはいかない。しかも、海外の製造工場の都合で（たとえば、クリスマスとか、ストライキとか）、日本の暦とは別のタイミングで休みになることもある。さらに、最近の配送業界の人手不足も気になるところだ。年末年始など荷物の量が増える時期には到着日指定は難しくなるだろう。

(2) 発注が遅れると1週間待ちも

また、国内で取り扱う業者も、発注締め切り日が決まっている場合が多い。たとえば、発注は火曜日の15時まで、それで到着は翌週の金曜日という具合だ。取扱日の翌日になって注文すると、到着は翌々週の金曜日となってしまい、1週間以上遅れてしまう。そんなことをしていたら、イチゴのハダ

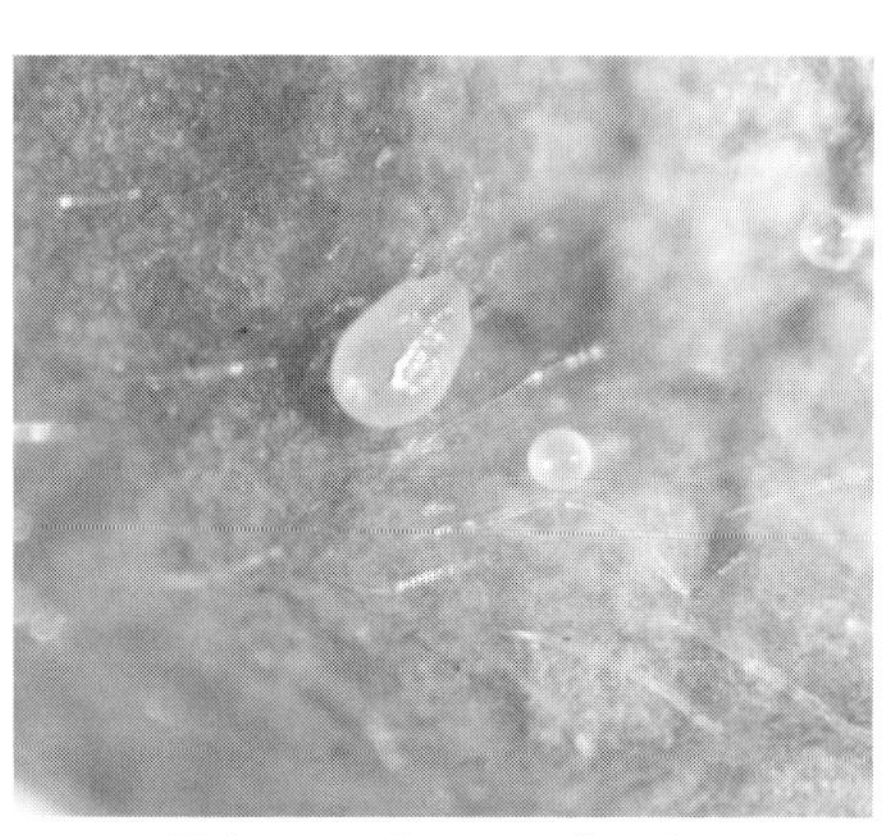
写真Ⅲ-1　ミヤコカブリダニ

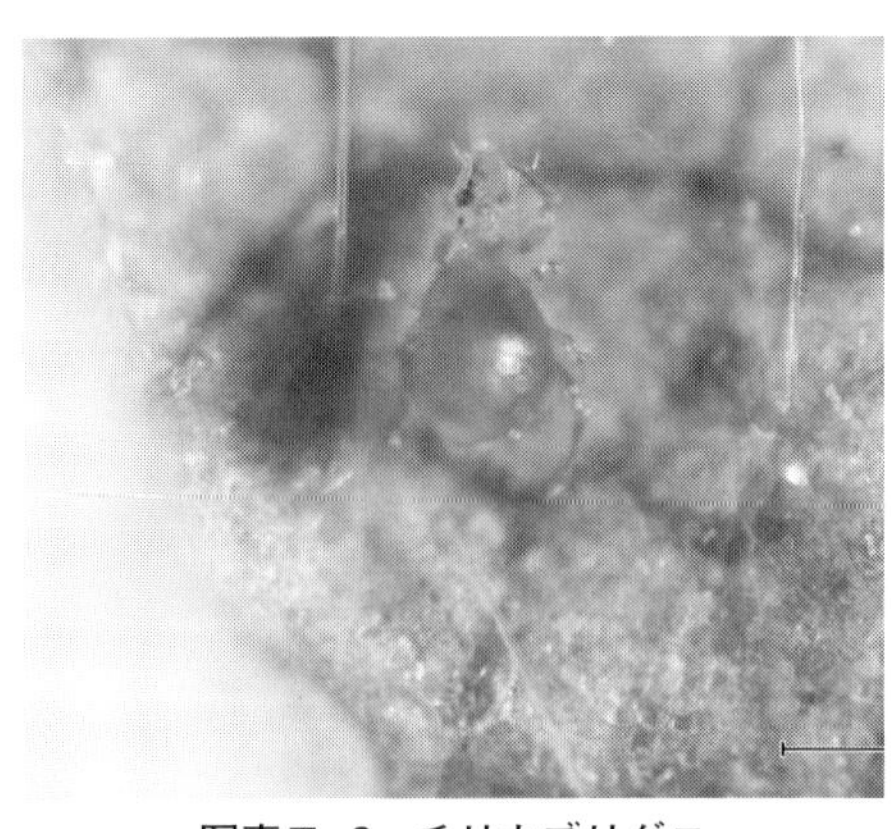
写真Ⅲ-2　チリカブリダニ

ニ密度は急上昇だ。

あらかじめ取扱業者の発注締め切り日を確認しておき、自分の放飼タイミングに確実に届くように手配しよう。また、到着時間指定をして確実に受け取れるようにするのは言うまでもない。宅配業者の倉庫で一晩寝かせると、いくら低温管理してくれても、相当数のカブリダニが死んでしまう。

(3) 到着まで気門封鎖剤で時間かせぎ

ただ、実際に「このタイミングでカブリダニを放飼したい」と思ったときには発注締め切り日翌日だったという話はよくある。到着まで指をくわえて見ていたら、ハダニは増える一方だ。そこで気門封鎖剤の出番である。カブリダニ製剤に影響が小さい殺ダニ剤の使用回数が残っていれば、それを散布する方法もあるが、おそらく、そんな可能性は低いだろう。

使用時のポイントはⅡ章の5で紹介したとおりだが、気門封鎖剤はカブリダニにも影響があることは覚えておいてほしい。ハダニの気門の位置が腹部の背中側なのに対して、カブリダニ類の気門は脚の付け根近くだから、ハダニより少し薬剤はかかりにくいかもしれない。また、浜村徹三博士に教わった話だが、チリカブリダニのほうがミヤコカブリダニよりも気門封鎖剤の影響は大きいそうだ。

カブリダニがハダニを捕食する場合、卵から食べていく。成虫は後回しだ。このため、カブリダニを放飼してもしばらくの間は成虫の数は減らない。そこで、気門封鎖剤でハダニの雌成虫を減らすことができれば、生き残ったカブリダニの捕食との相乗効果でハダニ密度の増加を抑える効果が期待できる。

2 ちょっとした工夫で均一放飼

(1) ミヤコとチリの使い分け

このほかにも、カブリダニ製剤を使いこなすには、それぞれのカブリダニ製剤の特徴を活かした使い分け、カブリダニ放飼前のハダニ密度をできるだけ低く（できればゼロに）すること、施設全体にバランスよく放飼すること、追加放飼のタイミングを見失わないことなど、多くのポイントがあるのだが、とくに初心者が気になるのは「小さなボトルに入ったカブリダニをどうやって施設全体にまくのか」だろう。

カブリダニ製剤は1瓶100mℓに2000頭入りで、10a当たりの放飼量は1～3瓶という登録内容のものが多い。こんな少量のものをどうやって均一に放飼できるのだろう？　じつは均一放飼は難しいので、数mおきに少量振りかけている。ハダニのほうもイチゴ1株に1頭ずつというような均一な分布はしていない。ミヤコカブリダニは、ハダニ以外に花粉も餌にして動き回れるので、自ら探し回ってもらおう。

育苗中にハダニがけっこう発生していた場合には、当然ながら本圃でもハダニの発生は早まるし、多くなる。ここで登場するのがハダニ防除のスペシャリスト、チリカブリダニだ。チリカブリダニはテトラニカス属（ナミハダニやカンザワハダニが属する分類群）のハダニしか食べない。このため、ハダニ発生株に確実にチリカブリダニを到達させると防除効果が安定する。

(2) 緩衝材だけまいていた⁉

瓶に入った製剤は、カブリダニが輸送中につぶれないように緩衝材のおがくず、バーミキュライトなどが入っており、この緩衝材ごと作物に振りかける。カブリダニの大きさはハダニと同じくらいなので、視力のよい人なら振りかけた緩衝材からカブリダニが動き出す姿を観察できるが、歩きながらせっせとまいていくので、実際には緩衝材のかかり具合を見ながら放飼していくことになる。

では、緩衝材があるところにはカブリダニがいるのだろうか。筆者らが調査協力をお願いしていたイチゴ農家の放飼圃場で観察してみると、緩衝材はうまくハダニ発生箇所のイチゴ葉上に

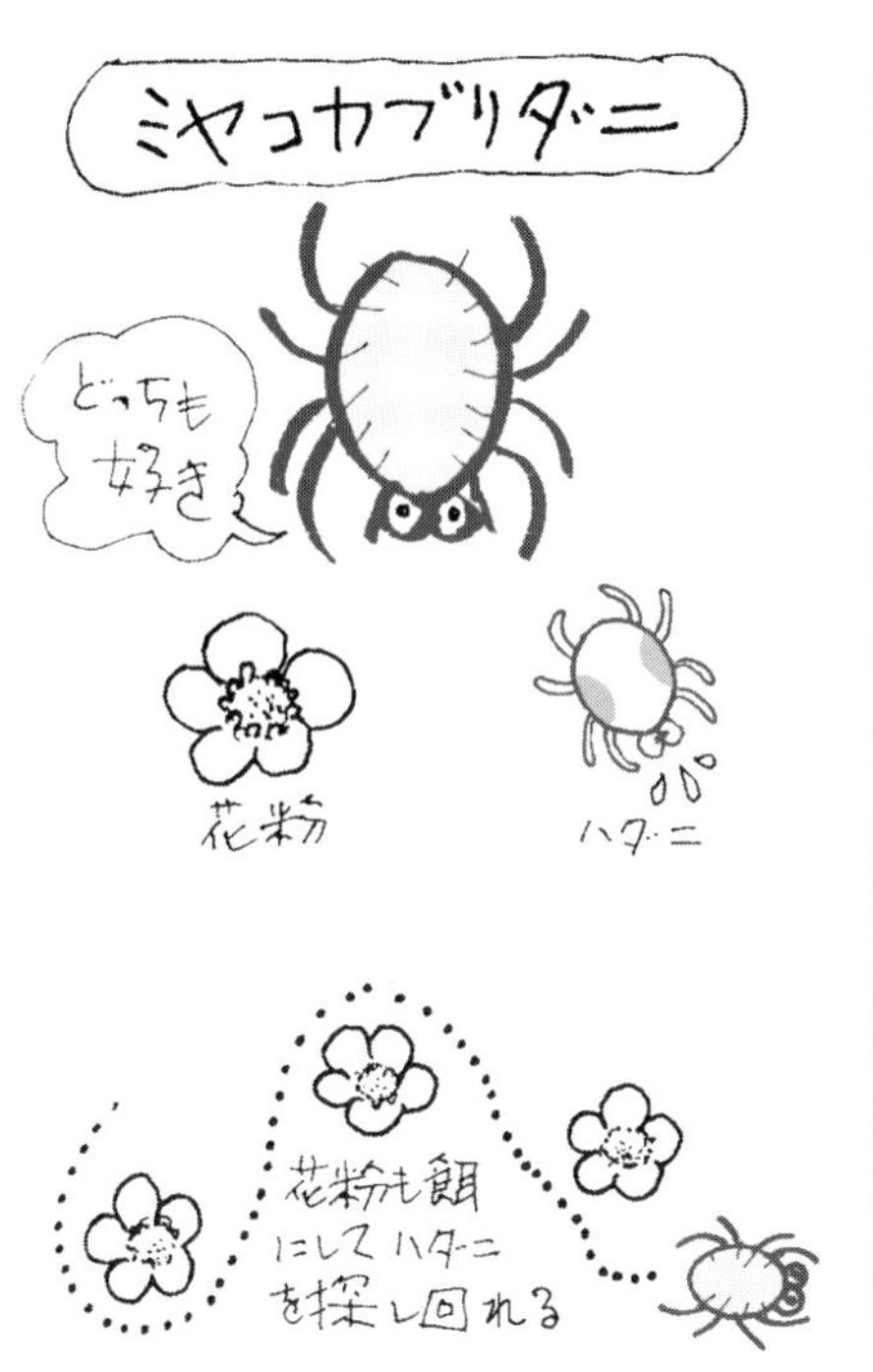

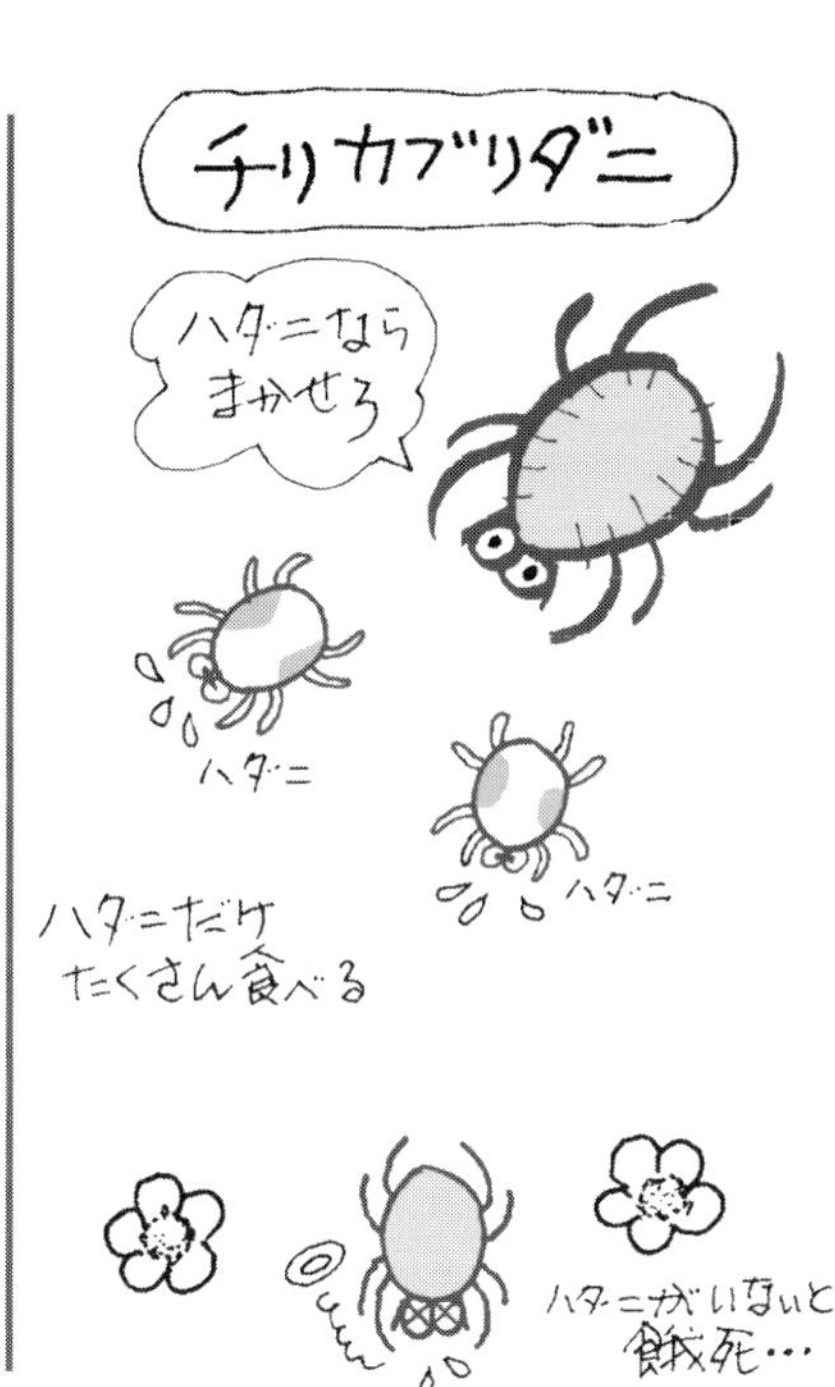

残っているのに、葉裏のハダニ寄生部位にカブリダニが発見できない場合が多かった。原因は、瓶を斜め下向きにした状態で、少しずつ緩衝剤を落下させながら通路を歩いて放飼したためと考えられた。この動作のどこが問題かというと、瓶の角度が固定され、瓶の中の緩衝剤が攪拌されない点だ。

瓶の中のカブリダニは元気に動き回り、上のほうへ行く性質がある。このため、かき回さないと瓶の上のほうに集まり、下のほうは緩衝材だけになってしまう。観察した施設では、放飼前半の部分にはカブリダニが少なく、後半部分では多く観察できた。緩衝材は施設全体に均一にまかれているのに、カブリダニだけが偏在していたのだ。

(3) 勝負の目安は10：1？

カブリダニ製剤を利用する場合、まずミヤコカブリダニ製剤を放飼し、ハダニが増え始めたらチリカブリダニ製剤を追加放飼するという体系になる。経験の浅い農家にとって難しいのが、追加放飼が必要か、このまま我慢すべきかの判断だ。追加放飼の時期まで完全にスケジュールになっている場合は考えなくてもよいので楽かもしれないが、平年とは気候が違う場合には被害を招いてしまうこともある。多くの場

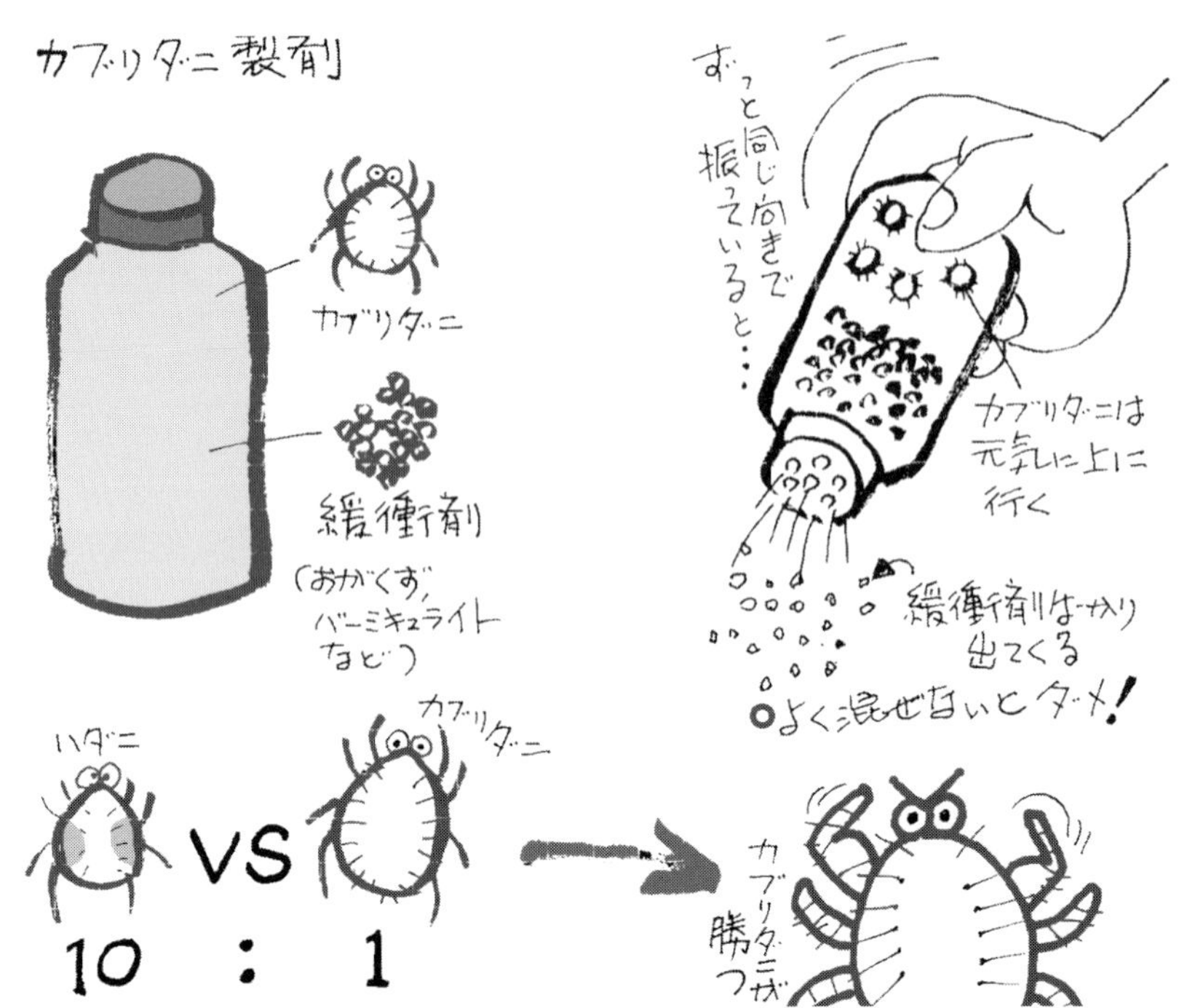

合はハダニの発生状況を見ながらの判断になる。

筆者らがその判断に活用しているのが、ハダニ雌成虫とカブリダニの数の比率だ。圃場から30株程度のハダニ寄生株を選び、そこに寄生しているハダニ雌成虫とカブリダニの数を数える。カブリダニに対してハダニ雌成虫の数が10倍まで（ハダニ雌成虫数：カブリダニ数が10：1）ならば、3週間～1ヵ月以内にハダニはカブリダニにより鎮圧される。これが30倍以上なら、追加放飼が必要だ。30倍未満でも早急にハダニ密度を抑制したい場合には追加放飼する。

ただし、30株のハダニ寄生株のうち、少なくとも7～8割の株にカブリダニが来ていることが前提だ。前述したようにカブリダニが偏在してしまった場合、特定の株だけカブリダニが多いこともある。それでも最終的にはカブリダニは増えてくれるが、相当時間がかかる。その間にカブリダニが来ていない株はハダニ被害で弱ってしまう。最初の放飼でハダニ寄生株にカブリダニを行き渡らせ、ハダニの数をカブリダニの数の10倍までに抑えられれば、この勝負、カブリダニの勝ちとなる。

問題は、ハダニやカブリダニの数をどうやって数えるかだ。奈良県でカブリダニを導入した農家でも、若い人は目視で数えている。少し見えにくい人は、前述したルーペを活用してチャレンジしてみよう。タバコを一服している間に数えられる。数字をもとに追加放飼か我慢するか判断しよう。ミヤコカブリダニは小さな白い湯たんぽ、チリカブリダニは小さな赤い電球をイメージすると見つけやすい。慣れてくると動きがハダニとは違うので、すぐに見分けられる。どうしても自分では数えられないときは若手の普及移動員や営農指導員に相談してみよう。

(4) 外来種は逃げないように蒸し込み

ミヤコカブリダニは、東京で採集されたことからミヤコの名前があり、日本にも土着のものがいるが、販売されている製剤は海外で育ったものだ。チリカブリダニは、チリにもいるが、地中海周辺に多く見られる海外のカブリダニで、日本の在来種ではない。これらを放飼すると、多くの場合、栽培後期にはハダニもカブリダニも観察できなくなる。ただ、観察できないから放置してよいわけではない。栽培が終了したら、施設を閉め切って蒸し込みし、残存したカブリダニ類が周辺へ逃げ出さないようにするのがエチケットだ。海外から来た生き物が野外に出た場合、日本の在来の生き物にどんな影響が及ぶかわからない。カブリダニ製剤に限らず、天敵製剤を利用する場合には注意しよう。

3 バンカーシートで安定感アップ

(1) パック製剤の弱点をカバー

瓶に入った製剤を放飼する方法は、放飼の途中で足りなくならないかなど、初めての人には不安が多い。仮に2000頭放飼しても、何頭が無事にハダニ寄生葉にたどり着けるか心細い。その不安を解消するには、たくさんのカブリダニを放飼すればよいのだが、1回の放飼量の上限もあるし、回数を増やすと経費もかかる。

ミヤコカブリダニでは、瓶に入った製剤以外にティーバッグのような小袋に入ったパック製剤が販売されている。小袋の中にはカブリダニと、その餌ダニ、さらに餌ダニの餌になるふすまが入っている。輸送中も餌にありつけるカブリダニは、元気に農家の元に届けられる。パックを作物の葉柄などにぶら下げるだけなので、施設全体に放飼しやすい。ただ、灌水の水がかかると袋の中のふすまがふやけて落下したり、カビがはえたり、乾燥したりして、うまく使いこなせていなかった。

(2) 早く、長く、天敵を安定供給

そこで考案されたのがバンカーシートだ（写真Ⅲ-3）。牛乳パックのような防水性の紙でできたパック製剤を入れる容器のことで、灌水や薬剤散布からパック製剤を守ってくれる上、保水用の水玉を入れることで中の湿度を適当に保てる。カブリダニの卵は湿度が低いと孵化しないので、保湿は増殖には不可欠だ。さらに黒いフェルトでパック製剤を挟むことで、カブリダニに隠れ家（産卵場所にもなる）を提供する。この隠れ家でカブリダニを増殖させて、もともとパック製剤の中にいたカブリダニの数倍の量を放飼できる。利用できるカブリダニ数が大幅に増えることで、ハダニ防除効果が安定する仕組みだ。

バンカーシートをうまく活用するには早めの設置がよい。ハダニの増殖初期からカブリダニを活用できるため、ハダニ増殖の出鼻をくじくことができる。「ハダニが増えてからでは手遅れ」という、カブリダニ放飼でよくやる失敗を未然に防げる。施設内の気温にもよるが、バンカーシート設置後、2ヵ月程度はカブリダニが供給され続ける（低温期なら3ヵ月程度）。ハダニ防除の底支えとして重要な役割を果たすと期待される。

写真Ⅲ-3　イチゴでのバンカーシート（試作品）設置状況
現在は商品として販売されている

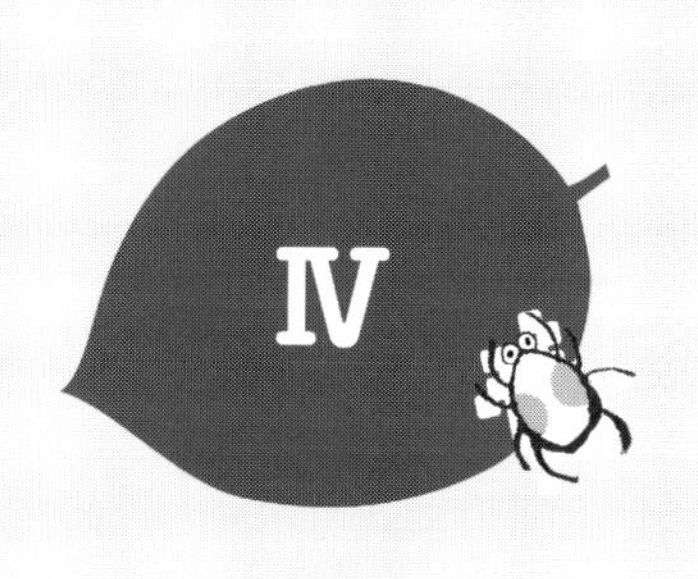

土着天敵を使いこなす

天敵に優しい殺虫剤（選択性殺虫剤）＋下草（植生）管理で土着天敵（カブリダニ類）を活用する手法が、薬剤抵抗性を発達させたハダニに対する殺ダニ剤に替わる防除法として注目されている。現在、リンゴで研究が進んでおり、モモ、チャ、キクなど、他の品目でも検討されている。イチゴの育苗などでも土着カブリダニ類やハダニアザミウマなどの土着天敵を活用する取り組みが各地で進んでいるが、この場合の考え方もリンゴとまったく同じだ。ここではリンゴの事例から土着天敵活用のポイントを知ろう。

1 リンゴで進む土着カブリダニ活用

(1) タダで使える強い味方

ハダニはリンゴの生育期間を通じて観察され、夏（7～8月）にはほぼ確実に増加する。リンゴ園に発生している主なハダニはナミハダニとリンゴハダニで、現在はナミハダニが優占している園が多い（写真Ⅳ-1）。ナミハダニは薬剤抵抗性がすぐに付いてしまい、これまでいろいろな種類の殺ダニ剤が使われてきたが、ひどい場合は2回目の使用でまったく効かなくなる。今ではリンゴ園で使える剤が2～3剤に限られ、リンゴ農家は今使っている剤がいつダメになるかという不安に苛まれている。殺ダニ剤は非常に高価で、効きが悪いと何度も散布しなければならないので、多くのリンゴ農家から「殺ダニ剤散布によらない新しい防除法を早く見つけてくれ」と強い要望がある。

低コストで、簡単で、誰でも、どこでもできるハダニ防除法は？　と考えると、カブリダニ活用になる。ハダニの最も有力な天敵で、圃場にも棲んでいるからだ。リンゴ園には、フツウカブリダニ、ケナガカブリダニ、ミチノクカブリダニなどの土着のカブリダニがいる（写真Ⅳ-2）。タダで使える強い味方を利用しない手はない。

実際のリンゴ園でカブリダニをあまり見かけないのは、天敵の多くが殺虫剤に弱いからだ。殺虫剤を使わなければ、カブリダニが増えてハダニはいなくなる。放任された殺虫剤無散布のリンゴ園でハダニが多発した話は聞いたことがないし、〝奇跡のリンゴ〟（殺虫剤無散布）でもハダニの被害は問題に

写真Ⅳ-1　リンゴ果実に付着したナミハダニ越冬虫（商品価値が下がる）（F）

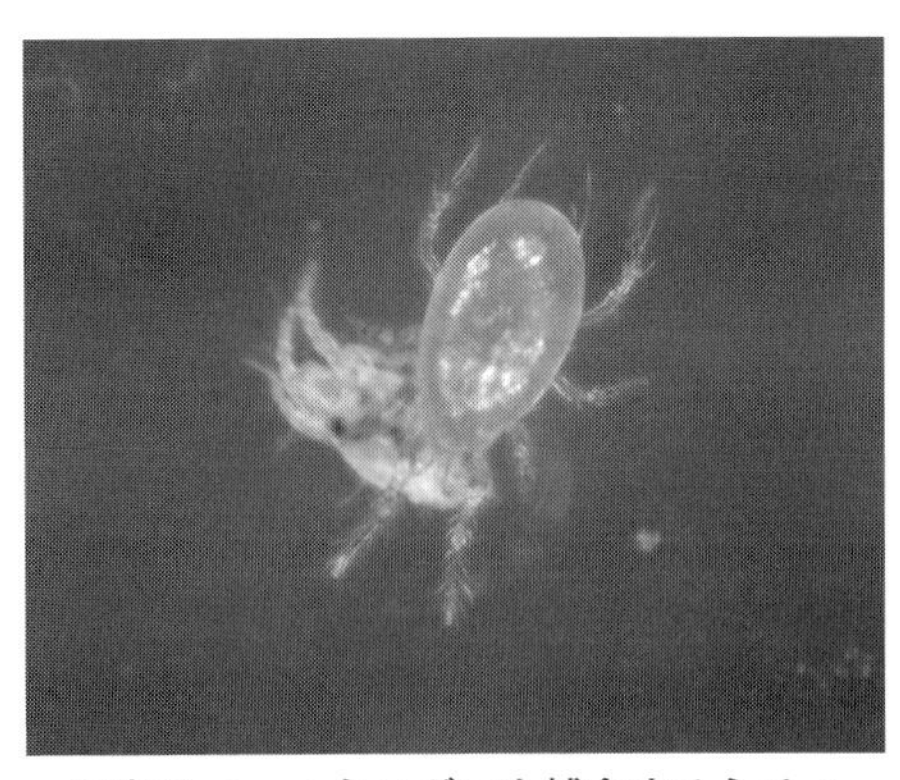

写真Ⅳ-2　ナミハダニを捕食するミチノクカブリダニ（F）

なっていない。この古くて新しいハダニ防除法について、具体的な事例を交えて説明しよう。

(2) 殺虫剤を変えればいい

慣行のリンゴ園では、5～9月まで殺菌剤や殺虫剤を約2週間の間隔で散布している。リンゴは虫が付きやすく、３００種以上の害虫が知られている。殺虫剤を散布しなければ、多くのチョウ目害虫（モモシンクイガ、ハマキムシ、キンモンホソガなど）に果実や葉が食害されて売り物にならなくなる。カブリダニは増えてほしいが、チョウ目害虫の被害が心配だ。殺虫剤散布を省略しないでカブリダニを増やすにはどうしたらよいのだろう。

合成ピレスロイド剤や有機リン剤などは多種類の害虫に効果がある「非選択性殺虫剤」で、天敵への悪影響も大きい「強い殺虫剤」だ。一方、ＩＧＲ剤（昆虫成長制御剤）やＢＴ（*Bacillus thuringiensis*）剤などは「選択性殺虫剤」と呼ばれ、効果のある害虫の種類は少なく、対象外の害虫への効果は低いが、天敵に「優しい殺虫剤」である。多くのリンゴ園では両方の殺虫剤が使われている。

リンゴ栽培の歴史をたどると、ナミハダニは古くからの害虫ではなく、多発するようになったのは１９８０年代以降である。ちょうど、このころから合成ピレスロイド剤が広く使われ始めている。そこで、多発の原因が合成ピレスロイド剤かどうかを実験で確かめてみた。

カブリダニの生息密度を高めた二つのリンゴ圃場（ＡとＢ）で、圃場Ａにはカブリダニに優しい殺虫剤を散布し、圃場Ｂには強い殺虫剤（合成ピレスロイド剤）を何度も散布した。その結果、圃場Ａではカブリダニが連続して発生し、ナミハダニは非常に少なかった。一方、圃場Bではカブリダニがほとんど観察されず、ナミハダニは8月に急増した。

多くのリンゴ農家にとって夏場にナミハダニが増えるのは「自然現象」だが、強い殺虫剤の使用による〝副作用〟のようなもので、明らかな人災だ。殺ダニ剤散布で一時的にハダニの発生を抑えても、再びハダニは増加する。薬剤抵抗性の発達でナミハダニによく効く殺ダニ剤はほとんど残っておらず、ごまかすのは限界にきている。

リンゴ園で合成ピレスロイド剤や有機リン剤は、それぞれ年間1～2回散布されている。しかし、前述の実験でIGR剤を主体とした優しい殺虫剤を散布した園でも、主要なチョウ目害虫の被害はほとんど見られない。つまり、必ずしも強い殺虫剤は必要ではない。優しい殺虫剤に変えることに不安を感じるなら、1剤ずつでも置き換えていけばいい。それがナミハダニ防除の苦しみから逃れる第一歩だ。

(3)「スーパーカブリダニ」現わる

リンゴ園にはいろんな種類のカブリダニが棲んでいる。このうち、ハダニを好んで食べる〝スペシャリスト〟がハダニ防除には欠かせない。代表的な種はケナガカブリダニとミヤコカブリダニで、全国の果樹園に分布している。ただ、ミヤコカブリダニは北東北など雪国ではあまり見かけず、リンゴの主産地の主役はケナガカブリダニだ。

2000年代、合成ピレスロイド剤を散布してもケナガカブリダニが発生するリンゴ園が各地で現われた。そこから採集したケナガカブリダニに合成ピレスロイド剤を処理すると、以前は全滅したのに生きている。殺虫剤に強い「スーパーカブリダニ」に変わっていたのだ。「これで殺ダニ剤を使わなくて済む」と期待されたが、スペシャリストなので餌のハダニがいないと発生しない。どうしても発生がハダニの増加に遅れる。カブリダニが登場すれば、いずれハダニはいなくなるが、それまでに吸汁されて葉裏が赤くなってしまう（ハダニ発生前にカブリダニを定着させる方法は本章2の(2)を参照）。

では、スーパーカブリダニが役に立っていないかといえば、そうではない。散布むらで殺ダニ剤がかからない部分はナミハダニの吸汁で葉裏が赤くなるが、観察するとハダニがいないことが多い。ケナガカブリダニが食べてくれたのだ。そのおかげで殺ダニ剤散布が削減されている。

(4) カブリダニに優しい殺虫剤

ナミハダニの発生抑制には、いろんな種類のカブリダニの働きが必要だ。

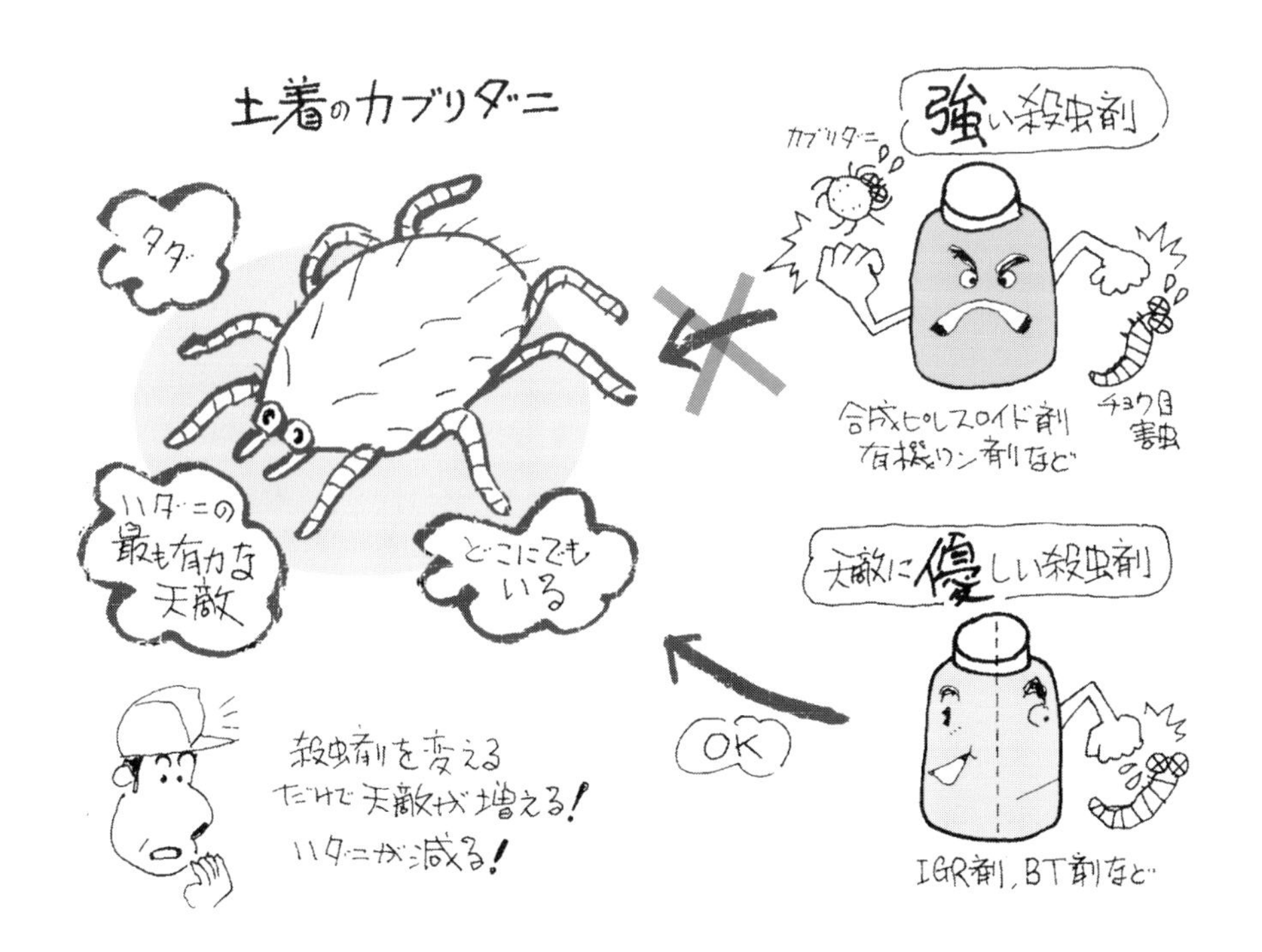

表Ⅳ-1 土着カブリダニ類を保護する殺虫剤散布体系の一例

散布時期	薬剤名	対象害虫
芽出前	トモノールS	カイガラムシ類
開花直前	カスケード乳剤	ハマキムシ類，ケムシ類
落花直後	カスケード乳剤	ハマキムシ類，ケムシ類
落花25日後	デミリン水和剤	キンモンホソガ，モモシンクイガ
6月下旬	デミリン水和剤	モモシンクイガ，キンモンホソガ
	アプロードフロアブル	ナシマルカイガラムシ
7月上旬	デミリン水和剤	モモシンクイガ，キンモンホソガ
7月下旬	ノーモルト乳剤	モモシンクイガ，キンモンホソガ
8月上旬	ノーモルト乳剤	モモシンクイガ，キンモンホソガ

注　カメムシ類やコガネムシ類が多い場合は殺虫剤をネオニコチノイド剤（モスピラン顆粒水溶剤やバリアード顆粒水和剤など）に替えて散布する．ナシマルカイガラムシが多い場合は7月上旬にもアプロードフロアブルを散布する．アブラムシが多い場合はウララDFを散布する

優しい殺虫剤を主体とした防除でカブリダニを保護しよう。強い殺虫剤に比べて、優しい殺虫剤の効き目は長くないので、トータルの散布回数の削減は難しいが、高価な殺ダニ剤が減れば防除コストも下がる。参考までに、カブリダニに優しい防除体系の一例を表Ⅳ-1に示した。マシン油乳剤（トモノールS）とウララDF以外は優しい殺虫剤のIGR剤で、このうちアプロードフロアブルはナシマルカイガラムシの防除剤、ほかは主要チョウ目害虫の防除剤だ。なお、カメムシ類やコガネムシ類など飛来性害虫には、これらのIGR剤は効果がない。最近、多くの果樹園で使われているネオニコチノイド剤を利用しよう。カブリダニに比較的影響が小さく（IGR剤より強い殺虫剤ではあるが）、リンゴの主なチョウ目害虫と飛来性害虫も防除できる。ただし、カブリダニ以外の多くの天敵（寄生蜂類、テントウムシ類、ヒラタアブ類、ハナカメムシ類など）に強く影響するので、使用は必要最小限に抑える。

(5) 保護の効果は3年目から

優しい殺虫剤に替えれば、ナミハダニは問題にならなくなるのか。カブリダニ保護（優しい殺虫剤散布と無除草で4年間管理）と、慣行の栽培管理（毎年、強い殺虫剤散布と機械除草で管理）のリンゴ園で、カブリダニとナミハダニの発生量を比べてみた。その結果、慣行リンゴ園ではカブリダニが少なく、例年、夏になるとナミハダニが多発した（図Ⅳ-1）。しかし、カブリダニ保護園では、リンゴ樹で

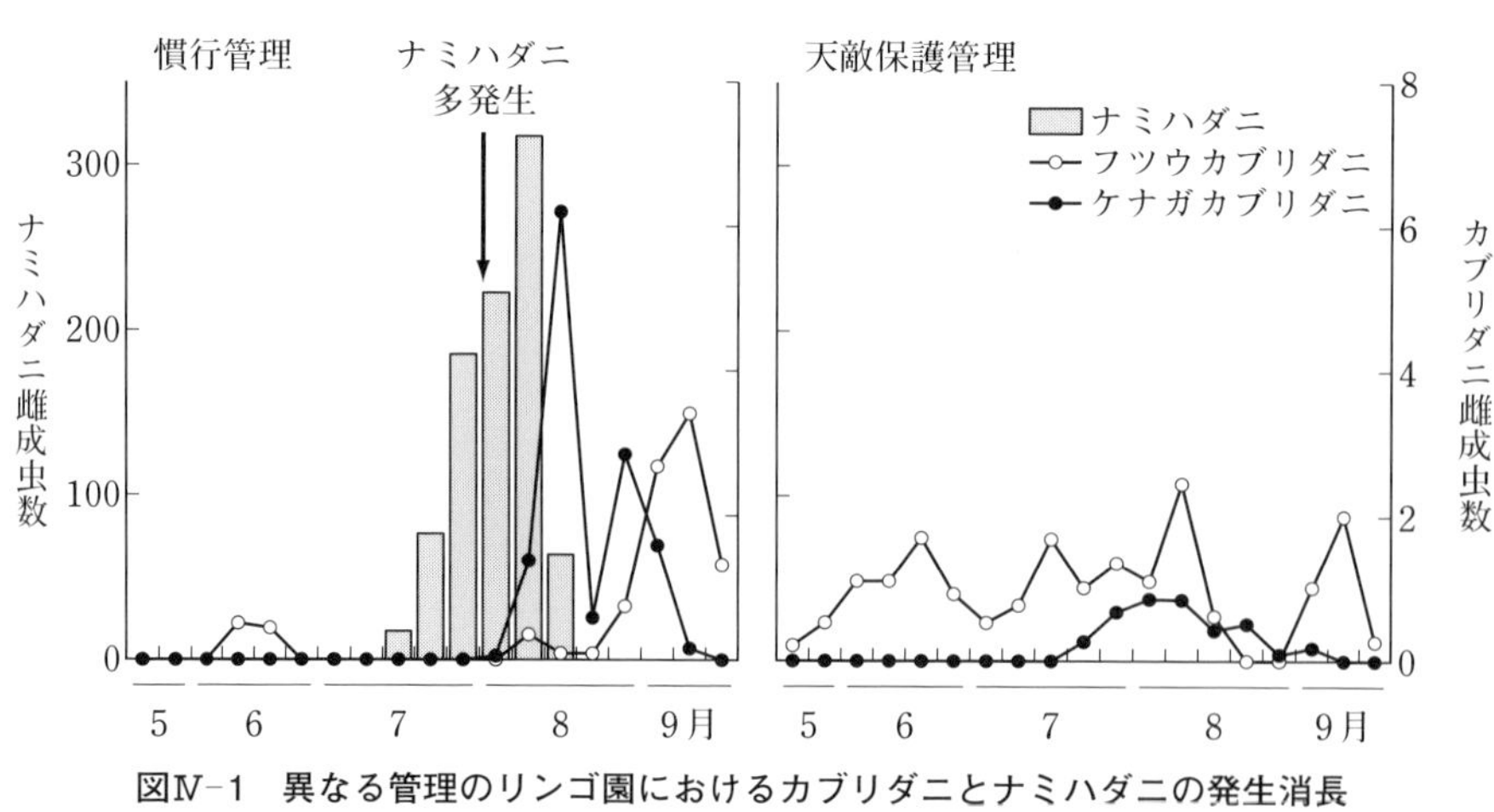

図Ⅳ-1　異なる管理のリンゴ園におけるカブリダニとナミハダニの発生消長

（Funayama *et al.*, 2015 *Exp. Appl. Acarol.* 65を改変）

注　天敵保護管理は継続4年目，数値は12樹調査の1樹（20葉）当たり平均寄生数

フツウカブリダニが、下草でミチノクカブリダニが長期間観察され、夏には〝スペシャリスト〟のケナガカブリダニも見られ、ナミハダニは非常に少なかった。では、今までずっと強い殺虫剤を使ってきたリンゴ園でも、優しい殺虫剤に替えてやれば、すぐにナミハダニは少なくなるのだろうか。

この疑問に対して、次の興味深い事例がある。秋田県のリンゴ農家のAさんとBさんに、優しい殺虫剤散布をリンゴ園の一画（10ａ）で4年間続けてもらった。まずはAさんの園。Aさんは「ハダニはいずれカブリダニが食ってくれるので、ハダニが増えても殺ダニ剤は一切使わない」という強い信念を持っている。実施1年目と2年目は夏にナミハダニが増加してリンゴ葉が褐変したが、我慢していたら、その後はカブリダニによってナミハダニはいなくなった。そして驚いたことに、実施3年目と4年目はナミハダニの発生が非常に少なく、被害もまったく認められなくなった。Aさんの近所の慣行管理園では、「3回殺ダニ剤を使ってもナミハダニの発生が収まらず、どうしよう」と騒いでいるのに、Aさんの園では殺ダニ剤を使わなくてもハダニがほとんど増加しなかったのだ。〝いずれ〟カブリダニとナミハダニが適度に棲み着いて、その生態系バランスがとれてくれれば、このようにナミハダニは発生しにくくなる。しかし、強い殺虫剤を使い続けてきた園ではカブリダニが非常に少なくなっており、優しい殺虫剤に替えてもすぐにハダニの発生を抑えてくれない。

これまでの経験では、カブリダニ保護管理を始めて3年目ころからナミハダニの発生に変化が現われてくる。園周辺の環境やこれまでの栽培管理体系の違いにより、効果が現われるまでの期間には差があると考えられるが、根気よく続けることでカブリダニの発生密度が高まり、ナミハダニが発生しにくい環境に変化していく。まさに石の上にも三年だ。現在、多くの慣行防除園では年間2～3回殺ダニ剤が散布されているが、土着カブリダニとナミハダニの安定した食物連鎖が構築されれば、年間1回で十分になる。

(6) ポイントは我慢できるか

カブリダニ保護のポイントは我慢できるかどうかだ。Aさんは4年間殺ダニ剤を一度も散布しなかったが、Bさんはナミハダニが増えた時点で毎年殺ダニ剤を1回散布した。その結果、毎年カブリダニは発生したものの、ナミハダニは実施3年目、4年目になっても夏に多発してしまった。AさんとBさんの違いは我慢したか、しきれなかったかだけだ。殺ダニ剤散布でハダニを除いてしまうと、突然、餌を奪われたカブリダニは混乱してどこかに消えてしまうのかもしれない。園にカブリダニが集まったなら、そこから逃がさないよう管理していくことが大切だ。

リンゴ農家はハダニが少しでも発生すると「果実の色づきが悪くなる」「果実の味が薄くなる」などの理由から、すぐに殺ダニ剤を散布する。確かに、葉を吸汁されると葉緑素が抜けるし、大事なリンゴを傷つけられたくない。ベテラン農家は、葉が吸汁されて褐変するようなヘマを見られたくない。しかし、葉1枚に微小なハダニが一時的に10頭くらい発生した程度で、目に見えるような被害が出るだろうか。Aさんは以前、カブリダニによってナミハダニが食いつくされることを体験し、ハダニに混じってケナガカブリダニがいればその先どうなるのかを予想できた。まずは樹1本、枝1本でも殺ダニ剤を散布しない部分をつくって、カブリダニのパワーを体験することが重要だ。

2 カブリダニが効く仕組み

(1) ジェネラリストとスペシャリスト

秋田県のリンゴ園で観察される主なカブリダニは、フツウカブリダニ、ミチノクカブリダニ、ケナガカブリダニの3種だ。カブリダニは種によって性質が大きく異なる。フツウカブリダニとミチノクカブリダニは、いろんな種類のハダニやフシダニ、花粉などさまざまなものを餌とする〝ジェネラリスト〟(広食性)だ。花粉が主な餌なので、ハダニがいなくても、あちこちで観察される。ハダニも食べるが、ナミハダニなど網を張るタイプのハダニは苦手で(体が網に絡まってしまう)、リンゴハダニなど網を張らないタイプのハダニを好む。一方、ケナガカブリダニは、網を張るタイプのハダニを好んで食べる〝スペシャリスト〟だ。ただし、スペシャリストだけでは、うまくハダニの発生を抑えられない。

(2) まるでアメフトの連携プレー

性質の違うカブリダニ3種によるリンゴ園でのナミハダニ発生抑制の仕組み(図Ⅳ-2)は、次のようなものだ。ジェネラリストのカブリダニが棲んで

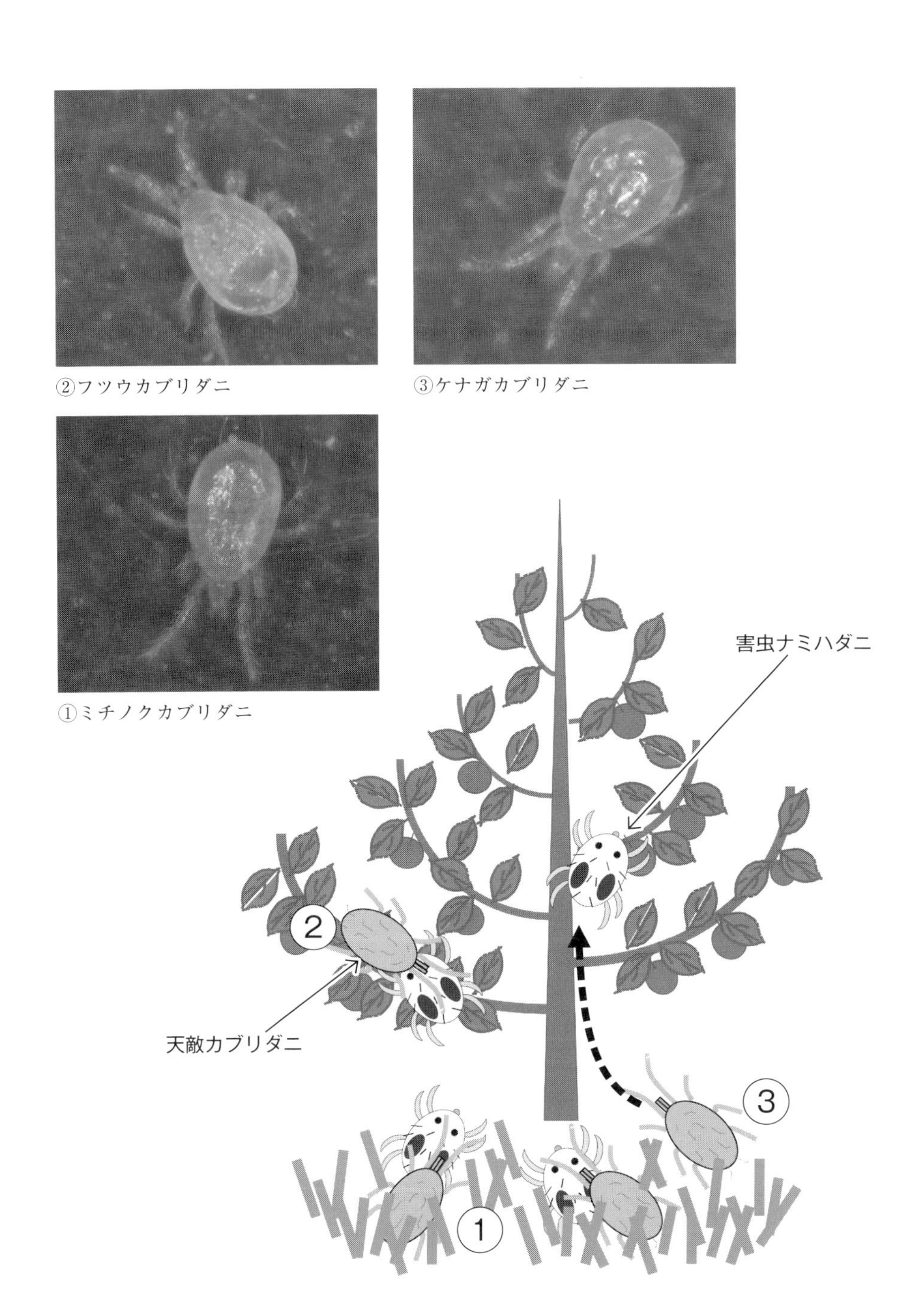

図Ⅳ-2　土着カブリダニによるナミハダニ発生抑制のイメージ

いる場所は種によって異なり、フツウカブリダニは樹上で、ミチノクカブリダニは下草でよく観察される。フツウカブリダニは葉に付着した花粉などを食べているので、ハダニの発生前でも多数見られる。

まずは下草でミチノクカブリダニが、コロニー（集団）をつくる前のナミハダニを食べて、樹への移動を防ぐ。これを突破して葉に侵入したナミハダニに対しては、待ち構えていたフツウカブリダニが攻撃して定着を妨げる。侵入が増えてフツウカブリダニだけでは抑えきれなくなったところで、スペシャリストのケナガカブリダニが登場し、短期間で成敗する。まるでアメリカンフットボール選手のポジションのように、複数種の土着カブリダニの働きが統合されることでナミハダニの発生を抑えていると考えられる。

3 下草の上手な管理で土着天敵活用

(1) 機械除草はナミハダニを増やす

リンゴ園で草刈りは必須の栽培管理となっている。最近は遊園地のゴーカートのような乗用草刈機も普及し、その手軽さからゴルフ場のようにきれいに刈られた園もよく目にする。リンゴ農家に「なぜ下草を刈るのか」と聞くと、伸びた下草を刈り取るのは当たり前のことで、理由を聞かれても答えに困るようだ。リンゴ樹については常にその状態や変化を注視し、管理に多くのエネルギーを注いでいるが、雑草については刈り取る以外に、とくに気にかけていない場合が多い。

下草に多くの有用な生き物が棲んでいることはあまり知られていないようだ。リンゴ園にピットフォールトラップ（紙コップなどでつくった落とし穴）を仕掛けると、いろいろな種類のゴミムシ類やクモ類が驚くほどたくさん捕れ、害虫を食べてくれる種類もいる。ミチノクカブリダニやケナガカブリダニなどカブリダニ類も棲んでいる。これは秋田県だけではなく日本全国で同様だ。たとえば岡山県のモモ園の下草では、ヤイトバナ、オオイヌノフグリ、カタバミなどの雑草で多数のカブリダニが観察されている。

リンゴ農家は草刈機による除草を5～9月ころまで3～4週間の間隔で行

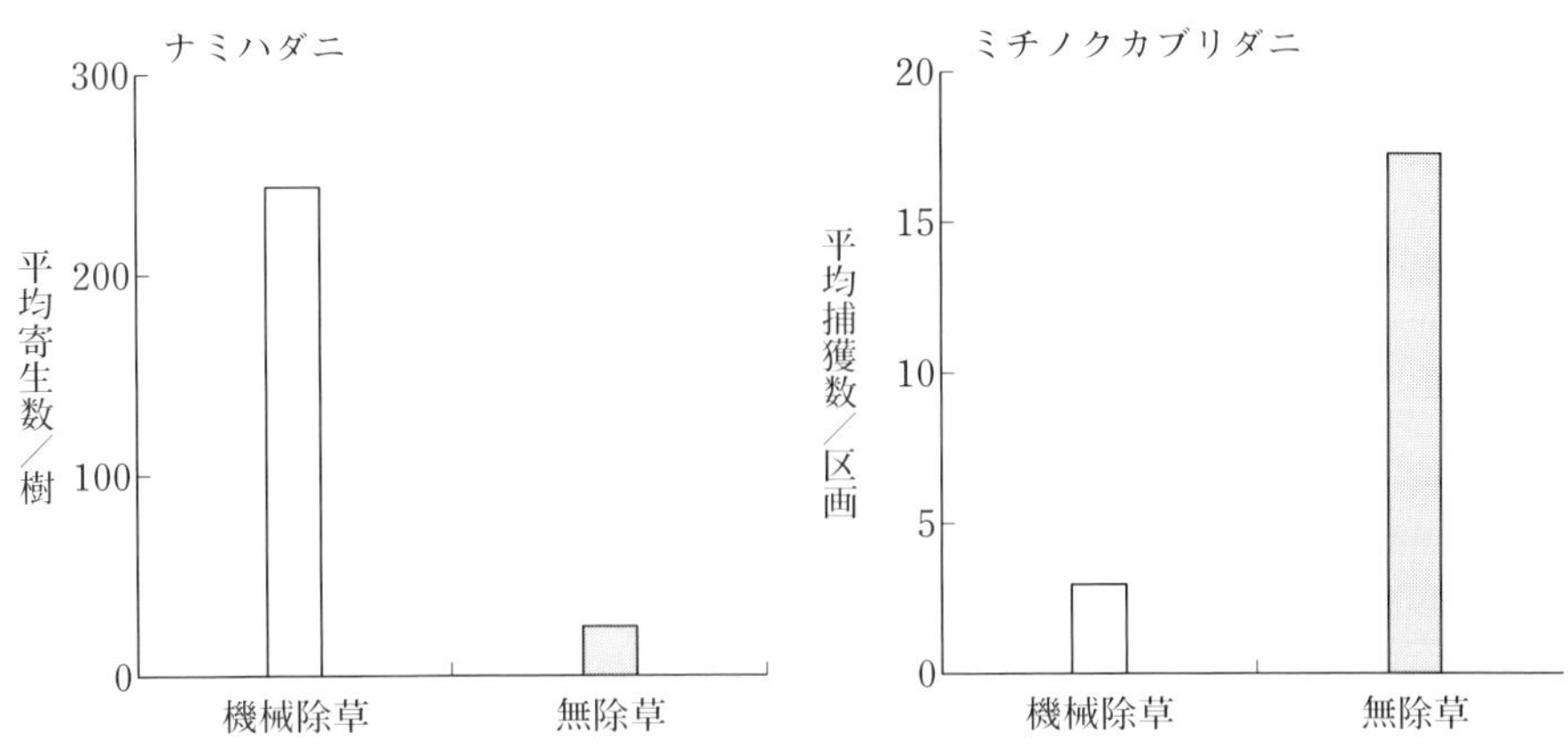

図Ⅳ-3　無除草区と機械除草区におけるナミハダニとミチノクカブリダニの発生数

（Funayama, 2016 *Exp. Appl. Acarol.* 70を改変）

注　ナミハダニは5～9月に各区の12樹から20葉ずつ20回採集した総捕獲数の1樹当たり平均値．ミチノクカブリダニは5～9月に各区の12区画（1区画1m×1m）を20回ずつクリーナーで採集した総捕獲数の区画当たり平均値

なっているが、下草内のカブリダニは大丈夫だろうか。リンゴ園の無除草区と機械除草区（1ヵ月に1回全面を乗用草刈機で除草）で、樹上と下草のカブリダニとハダニの発生数を調べてみた。その結果、機械除草区では無除草区よりも、ミチノクカブリダニとフツウカブリダニの生息数が少なかった。そして、ナミハダニの発生数は機械除草区が無除草区よりも多かった（図Ⅳ-3）。やはり、草刈りはカブリダニを減らしてナミハダニの多発に関係しているのだ。

(2) 下草は刈らないほうが得

下草がカブリダニの棲み家となるのは、隠れ場所になり、餌があるからだ。カブリダニはハダニ同様に紫外線に弱いため、とくに広葉の下草は直射日光からの避難場所となる。葉脈沿いなどの隙間が好きで、オオバコなど太い葉脈を持つ下草の葉裏はよい棲み家になる。ミチノクカブリダニなどのジェネラリストは、ハダニ以外に花粉も餌にするから、下草には多くの餌がある。とくにオオバコは開花期間が長く、花粉の量も多いから、カブリダニの定着に適した植物だ。さらに、ナミハダニはクローバーなどの下草にも寄生するので、ケナガカブリダニなど、スペシャリストの餌場にもなる。本章1の(6)で「集まったカブリダニを逃がさないように管理する」と述べたが、無除草は有効な方法だ。

一方、強い草刈りは乾燥と高温をもたらす。真夏の日中だと、下草を刈り取られた地表面の温度は50℃を超えることもあり、とてもカブリダニが棲める環境ではない。紫外線に弱いカブリダニは、草刈りによって直射日光の影響も受ける。また、下草を刈ると花の数が減るので餌（花粉）も減る。さらに、ケナガカブリダニはハダニの吐く糸の化学成分を手掛かりにハダニを探すが、下草を刈るとその痕跡を見失う。その結果、カブリダニがいなくなり、リンゴ樹でナミハダニが増えてしまう。

リンゴ農家の間では「下草はナミハダニの発生源になるので伸ばすとよくない」というのが定説になっているが、果たしてそうだろうか。確かにナミハダニは、リンゴ園のクローバーやカタバミなどの下草で観察されるし、夏には下草からリンゴ樹に移動するという報告もある。しかし、下草でナミハダニを多数見つけたとき、たいていはリンゴ葉でそれ以上に多く観察されるので、リンゴ樹から下草に移動した可能性が高い。

下草がなくても、夏にはリンゴ樹でナミハダニは増加する。園外から風に乗って飛んでくるという研究もあるし、リンゴ樹上でも越冬するから、はじめからそこにいたのかもしれない。下草は刈ってもすぐに伸びるので、無除草の場合とナミハダニの数にどれだけの差があるのだろう。ナミハダニはいつの間にかどこからでも侵入して増加する。下草はできるだけ刈り取らず、カブリダニ保護に利用したほうがナミハダニの発生抑制に役立つのだ。

（3）無除草が嫌ならシロクローバー

下草のカブリダニを保護するには、できるだけ機械除草をしないほうがよい。無除草はカブリダニの棲み家を荒らさない究極の下草管理であり、お金もかからず、労力もいらない。しかし、多くのリンゴ農家は無除草に難色を示す。理由として「下草が作業の邪魔になる」「リンゴと下草で養水分の取り合いになる」などがあげられたが、一番の理由は「下草がボーボーに生えているとみっともなく、世間体が悪い」ことらしい。無除草にした園では多種類の雑草が観察され、確かに、ギシギシ、ヒメムカシヨモギ、オニノゲシなど草丈の高い下草が生い茂ると作業の障害になり、園の景観が損なわれてしまう。仕事をさぼっていると思われるかもしれない。何とかならないだろうか。

最近、農耕地へのグラウンドカバープランツの導入による天敵相の増強効果が注目されている。たとえば、ナシ園の下にナギナタガヤ、アニュアルライグラス、クローバー、カキ園のヘアリーベッチなどの導入事例がある。このうち、地上を這うような茎のカバープランツは農作業の支障になりにくいので、これらをうまく優占させれば無除草を維持できる可能性があるのだ。

園に生えている今の草種だけで無除草が困難な場合には、シロクローバーを活用する方法もある（写真Ⅳ－3）。シロクローバーは多年生で草丈は15～20cmと低く、寒さにも暑さにも強く、踏まれても大丈夫で、乾燥にも耐えられる。おまけに耐酸性、耐病性、耐陰性も高く、発芽・初期生育が良好だ。種子は販売されており、容易に入手できる。4月（雪解け後）に種子・肥料散布器などを用いて播種（できるだけ密がよい）するが、コストを考慮すると10g／m^2程度が適当だろう。その後、生育旺盛な雑草が見られる場合は、その部分だけ雑草を抜き取るか、除草剤をスポット処理するとよい。もともとシロクローバーが生えている園では、頻繁に草刈りをすれば、徐々に優占してくる。この状態に整備してからカブリダニ保護の下草管理を始めれば、種子代がかからず経済的だ。

写真Ⅳ－3　シロクローバーを播種したリンゴ園（F）

4 進む研究、広がる可能性

(1) 果樹類のほか、チャでも

ここまで紹介してきた選択性殺虫剤＋下草（植生）管理で土着天敵を活用する手法は、リンゴだけでなく、モモなど他の果樹類や他品目でも検討されている。

たとえば、チャでは三重の富所康広さんらが茶園の周辺にチトニアというキク科の植物を植えてみた。チトニアは百日草のようなかわいらしい花が咲くが、チャを加害するカンザワハダニは寄生できず、加害しないナミハダニしか寄生しない。このため、チトニアを茶園の隣に植えてもチャにハダニの被害が発生する心配はない。ナミハダニが寄生したチトニアには農薬は散布されないので、土着のケナガカブリダニが集まってきて増えてくれる。そして、チトニアから茶園にケナガカブリダニが移動し、チャのカンザワハダニを捕食していく。これにより、チャのカンザワハダニの密度が抑制されるのだ。

(2) 防除の主役は土着天敵に

奈良県と近畿大学の共同研究で、定期的な農薬散布が行なわれる露地ギクでも圃場周辺の雑草（とくにクズ）からニセラーゴカブリダニやケナガカブリダニが確認され、カブリダニ類に影響が小さい殺虫剤の使用＋ネット被覆によるオオタバコガ防除で、ケナガカブリダニにより圃場内のナミハダニの密度が抑制された事例も観察されている。ただ、キクではナミハダニの密度が増えてくる前にジェネラリストカブリダニ類の活動が認められない点がリンゴとの大きな違いだ。この部分を埋め合わせる手法（ジェネラリストカブリダニ類をあらかじめキク圃場周辺に招いておく方法、あるいはジェネラリストカブリダニ類の放飼など）が確立できれば、序章で紹介した２０３X年の話も現実味を帯びてくる。

これらの基礎となる研究も着実に進められている。たとえば、ジェネラリストの土着カブリダニ類を活用するための必須情報であるさまざまな農薬の影響について、現在、農研機構の岸本英成博士らを中心に精力的に調査が進められている。これらの情報が集約されれば、より多くの作物で土着カブリダニ利用システムが構築されるだろう。

露地栽培ならば、カブリダニ類など土着天敵の力を引き出すことで、ハダニの密度制御が可能になる日は、そう遠い話ではないのかもしれない。

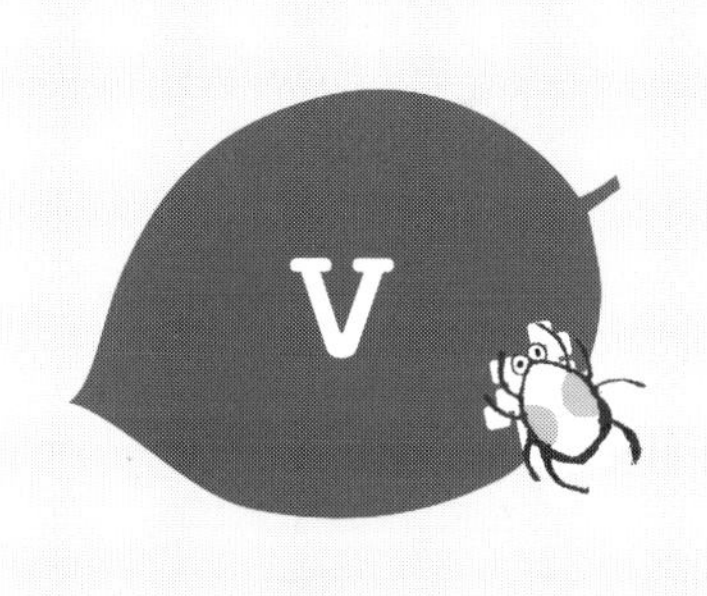

究極の薬剤抵抗性対策

「究極の……」と言うと、「最初から、この方法を教えてくれればいいのに」と早合点させてしまうかもしれない。もちろん、薬剤抵抗性ハダニで困っている人に対策を紹介するのだが、殺ダニ剤を散布せずに、時間かせぎをしてハダニの感受性の回復を待つ側面もある対策だ。今のところ、対象品目も限られる。

1 炭酸ガスでハダニゼロのイチゴ苗

(1) イチゴには薬害が出にくい

薬剤抵抗性対策とは、ハダニの抵抗性を発達させず、感受性を回復させるものだ。各地のイチゴ産地でいろいろな殺ダニ剤に抵抗性を発達させているナミハダニに対して、極めて有効なのが、ここで紹介する物理的防除法だ。

以前、ハダニの物理的防除法といえば、施設へのハダニの歩行侵入を防ぐ「ダニ返し」か、水をまいて落下させるくらいだった。ダニ返しは、正倉院などの古い木造建築に設けられた「ネズミ返し」と同様に、ビニルハウスの側面に地面から垂直にフィルムを立ち上げ、一定の角度で折り返しをつけておくと、フィルム伝いに上ってきたハダニは折り返しを超えられずハウス内に侵入できないという仕組みだ。ハダニの行動特性を利用した、低コストで設置できる画期的なアイデアだったが、自分で設置する手間がかかるため、ほとんど普及していない。

一方、現在、急速に普及しているのが、炭酸ガスくん蒸だ。宇都宮大学の村井保博士（現・㈱アグリクリニック研究所代表取締役）らが開発した。炭酸ガスを使った害虫防除は、古文書をシミによる食害から守る方法や、貯蔵中の穀物に発生する害虫の防除法として知られていた。薬品を使わないので古文書や穀物が傷むことはない。しかし、生きた植物体が高濃度の炭酸ガスに耐えられるかは不明だった。

そこで、村井博士らのグループは、効果のある害虫の種類、炭酸ガスの濃度や温度、薬害が出にくい作物などを調べ、イチゴに使えることを突き止めた。高い効果が期待できるが、他の作物では炭酸ガスによる薬害で葉が茶色く変色してしまう。イチゴも品種や株の状態によっては薬害が生じるが、軽度な場合が多く、定植活着後に出てくる葉は健全に生育する。村井博士によると、炭酸ガス処理はハダニの成虫だけでなく卵にも効果があり、ハダニが炭酸ガスで死ぬ原因は窒息ではないらしい。ヒトとは異なるメカニズムのようだ。

(2) 25℃で24時間処理するだけ

処理方法は簡単だ。定植直前の苗をコンテナに入れ、これを密閉容器に入れる。容器内を高濃度の炭酸ガスで満たし（実際には50〜60％くらい）、25℃で24時間放置するだけだ。30℃でもイチゴに薬害は観察されていない。現在、国内のメーカー3社から専用の密閉容器セットが販売されている。大まかな仕組みは同様だが、価格などは異なるので、自分の経営に応じたものを選ぶ。作業の状況を㈱アグリクリニック研究所の資料をお借りして写真V-1に示した。

効果を安定させるには、いくつかの注意点がある。最初は必ずメーカーの技術員の説明をよく聞こう。いきなり技術員に聞きづらい人は、「イチゴ　ハダニ対策　炭酸ガス」でインターネット検索すると、同研究所の「炭酸ガスくん蒸マニュアル」という冊子が出てくるので、参考にしてほしい。

炭酸ガス処理でとくに注意すべきは安全面だろう。高濃度の炭酸ガスは人体にも有害だ。密閉容器の設置場所は炭酸ガスの放出場所でもある。24時間の処理を終えて密閉容器を開けるときに高濃度の炭酸ガスが容器から放出される

①イチゴ苗をコンテナに収納して段積み

②アルミ蒸着シートでコンテナごと覆い、高濃度炭酸ガス処理

写真V-1　炭酸ガス処理状況（写真提供：村井保）

ので、風通しを考えて設置する。

温度管理も重要だ。理想は25℃を維持することだが、エアコンでもない限り、そんなことはできない。軒下のような場所に設置すると、どうしても気温が変動する。定植直前の8月下旬〜9月に処理するが、地域によっては9月に朝方の気温が急に低くなる。気温が20℃を下回ると効果が低くなるので、できるだけ気温が低下する前に処理したい。ただし、同研究所のセットは、加温装置を標準装備しているので安心だ。

(3) 炭酸ガス＋天敵がおすすめ

炭酸ガスの濃度や流量を調整する装置の価格は、それなりに高い。密閉容器そのものの価格や、入れられる苗の数はメーカーで異なる。それぞれの作型、栽培規模により、1回に処理したい株数は違うので、よく検討する必要がある。

部会などで共同購入すると大規模な装置も安く購入できるが、他人の苗と一緒に処理することになる。炭疽病などに罹病しないかと不安がよぎるかもしれないが、栃木県の調査で潜在感染株からは感染しないことが確認されている。

農薬取締法では、農作物の病害虫防除を目的に使う資材はすべて農薬だ。この場合の炭酸ガスも農薬になるため、メーカーはわざわざ処理用の炭酸ガスを農薬登録している。カキの脱渋などに使う炭酸ガスはハダニ防除には使えないので注意してほしい。

炭酸ガスの効果を過信してはいけない。処理中の気温が低かった場合、効果は低くなる。処理しても完全にハダニをゼロにできるわけではない。定植後に欠株が出て、補植した苗にハダニがいることもある。効果が持続するのは年内くらい。わずかに生き延びた個体が数を回復してくる。より安定した防除効果を狙うために、炭酸ガス処理＋カブリダニ製剤という防除体系をおすすめする。炭酸ガス処理でハダニ密度をほぼゼロにできているので、ミヤコカブリダニ製剤だけでも効果は高い。ハダニの増加を見越して油断なく観察していると、追加放飼が必要になっても放飼量は少なくて済む。

すでに炭酸ガス処理は関東地方を中心に普及している。薬害の関係で、他の品目に拡大できないのは残念だが、イチゴでは今後、ハダニ防除の重要な技術になっていくだろう。

2 施設野菜のナミハダニに紫外線照射

(1) イチゴやメロンで使える

施設イチゴのうどんこ病防除では、中波長の紫外線（ＵＶＢ）を照射する方法が実用化されているが、ナミハダニでもＵＶＢを卵に照射すると、卵の孵化や発育が抑制されることが京都大学の刑部博士らの研究で明らかになった。イチゴやメロンの栽培施設で応用してみた結果、ＵＶＢを夜間に3時間程度照射し、反射シートで確実に葉の裏側に当てることで、ナミハダニの増殖を抑制できることがわかってきた。

写真Ｖ-2　UVB照射状況（静岡県農林技術研究所内）
（写真提供：土井誠）

具体的には、うどんこ病防除に実用化されている方法と同様に、植物病害防除用照明装置（パナソニック「ＵＶ－Ｂ電球形蛍光灯セット」）を、イチゴ株上での照射強度が0・2Ｗ／m²になるように設置して、光反射シート（デュポンタイベック４００WP）をマルチ上に敷く。この光反射シートにイチゴ株上から照射されたＵＶＢが反射して、イチゴ葉裏に届くという仕組みだ（写真Ｖ-2）。

ハダニへの効果は照射強度×照射時間で決まる。強い照射なら短時間で、弱い照射でも長時間当たれば、同じ効果が期待できる。主なターゲットはハダニの卵だ。卵は動かないので、弱い照射でも長時間当たる可能性が高い。実際のイチゴ施設での調査でも、密度抑制は卵の孵化抑制が原因と評価されている。このため、動き回る成虫は生き残るが、次世代が増えてこないことになる。

今のところ、イチゴやメロンで有効性が確認されているが、これからさまざまな調査が進めば、利用できる品目も広がっていくだろう。筆者もバラで試してみたが、光源に近すぎると日焼けのような症状が発生してしまう場合があった。日焼けが生じず、かつ、ハダニに効果がある光量のバランスが、普及に向けた課題と言える。

(2) 反射シートで葉裏に照射

この技術のポイントは、どうやってハダニが潜む葉裏にＵＶＢを照射するのか、という点に尽きる。作物は生長に伴い、葉の枚数を増やしていく。栽培しているうねの形状や通路幅などの制約もある。これらを考慮して、どこに、どんな形状の光反射シートを設置するのかが、効果の決め手になる。

たとえば、イチゴの高設栽培の場合、高設栽培ベンチから手を広げるように光反射シートを展張して、葉裏に紫外線が届くようにする必要がある。メロンではマルチ部分に光反射シートを張るなど、作物の栽培方法に応じた光反射シートの展張方法の工夫が必要だ。

照射強度を強くすれば効果は高まるが、作物の日焼けも発生するリスクが高くなる。メロンのように上に伸びていく作物は、光源に近づいていくので日焼け対策も考えて設置しなければならない。

炭酸ガス処理と同様に、紫外線照射だけでナミハダニを完全に防除できるわけではない。ハダニの増殖を抑える技術と理解したほうがいいだろう。カブリダニなどと組み合わせて使うのが効果的だ。ＵＶＢはカブリダニにも悪影響はあるが、カブリダニはＵＶＢを避けて隠れられるようで、静岡県での調査でもカブリダニとの組み合わせの有効性が確認されている。照射時間（夜間３時間）以外は、カブリダニは自由に活動できるので併用は可能だ。

ただし、今のところ、ハダニ防除用の商品としては販売されていないので、実用にはもう少し時間がかかるかもしれない。また、施設で作業する人にも紫外線照射は悪影響があるため、昼間は照射せず、人が活動しない夜間に照射している。

3 熱で退治する方法も開発

物理的防除法として、もう一つ注目されているのがイチゴ苗の蒸熱処理だ。農研機構九州沖縄農業研究センターで開発されたもので、熱によってハダニを退治する技術だ。ハダニも含めて小さな虫は熱に弱い。50℃のお湯に漬ければハダニは死んでしまう。しかし、50℃のお湯にハダニが付いている植物を漬けると、植物もゆだってしまう。そこで、植物には熱の影響が小さく、ハダニには熱処理できる方法として開発された。

イチゴ苗を入れた倉庫内を、相対湿度ほぼ100％の飽和水蒸気で満たし、倉庫の温度を上昇させていくと、熱いモヤのようなものがハダニの体表にくっついて結露し、熱を与える。もちろん、イチゴ葉表面も結露してしまうが、よいタイミングで外に出してやれば結露は消えてしまい、温度は低下する。この微妙な温度管理が成否を決める鍵になるので、精密な温度管理を可能にする特別な装置が必要になる。幸い、イチゴ栽培では夜冷処理が行なわれるので、この夜冷庫に蒸熱処理装置を設置できる。

静岡県などで実用化に向けた調査が進められているが、ハダニを100％防除できる条件とイチゴ苗に影響を与えない条件に折り合いを付けるのが難しく、検討中の段階だ。

物理的防除法は殺ダニ剤を使用しないという意味では究極の薬剤抵抗性対策だが、まだまだ未完成な部分や使いにくい部分があり、「究極の防除法」ではない。しかし、これからの防除法の大きな柱の一つになっていくと考えられる。

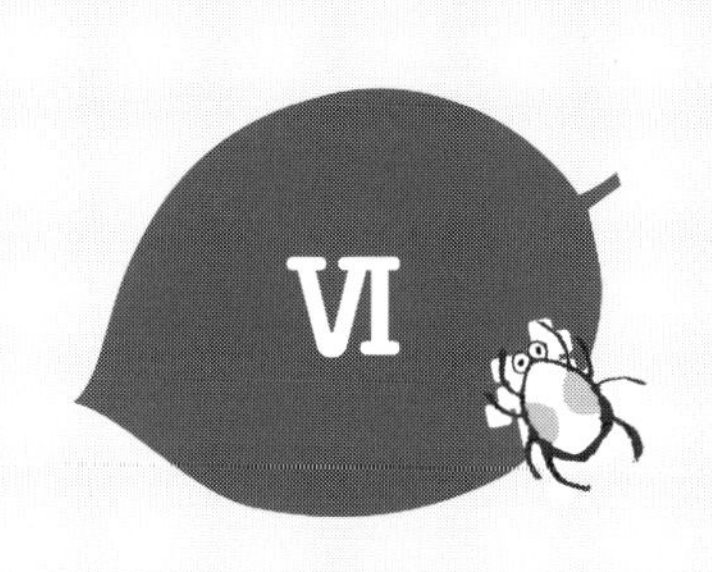

作物別　防除マニュアル

イチゴ

◆診断のポイント

発生種はナミハダニかカンザワハダニである。いずれかによって防除の考え方が変わるので、まず発生種を確認する。

ハウス育苗の場合、苗の上から水をかける灌水でも育苗中期にはハダニの発生量は多くなる。底面給水で灌水している場合はなおさらである。親株定植時からハダニの発生がないか、こまめに観察する。直接ハダニを探すのは難しいので、葉に吸汁痕の白斑が生じているかどうかが診断の目安となる。

従来、葉裏のハダニ寄生数が増えると葉表に白斑が増えるという関係があった。しかし、多くの品種が栽培されるようになり、葉が厚く、葉色の濃い品種では葉裏のハダニ寄生数が相当増加しないと葉表に白斑が生じないので、気がついたら葉縁に糸が張りかけていた、ということもある。育苗施設にはルーペを常設しておくなど、手軽に観察できる環境を整える。

カンザワハダニは殺ダニ剤散布で密度抑制できる。しかし、発生種がナミハダニで、殺ダニ剤が効きにくいと感じ始めている場合には、カブリダニ製剤による防除への切り替えを検討する。今後は、カブリダニ製剤による防除が主流となると考えられる。両種が混発した場合はナミハダニの防除を中心に考える。

◆防除の実際

圃場管理

土耕栽培の場合、太陽熱消毒が行なわれていることが前提となる。これにより前年に雑草へ移動したハダニも死滅する。高設栽培の場合、施設内の雑草には前年度逃亡したハダニが寄生している可能性があるので、あらかじめ除草しておく。

育苗期・定植時

育苗に用いる親株にはハダニが寄生している可能性が高い。カンザワハダニならイチゴに登録のある主要な殺ダニ剤で問題なく防除できる。ナミハダニの場合、夏までに今年のハダニ防除は殺ダニ剤散布によるのか、カブリダニ製剤によるのかを判断する。後者の場合、カブリダニ製剤を育苗期から導入するか、本圃から導入するかを決める。育苗期からカブリダニ製剤を導入する場合、バンカーシートのように長期間安定してカブリダニを供給してくれる資材を使用すると成功確率が上がると考えられる。

殺ダニ剤散布による防除の場合、育苗後半にはポットが混み合い、葉裏への薬液付着は難しい。しかし、ハダニとうどんこ病を本圃に持ち込みたくないので、最重要防除と考え、散布に臨む。ランナーカット後になるので、殺ダニ剤の使用回数に留意し、最も効果が期待できる剤を使用する。

使用する散布竿は短く軽いものにし、噴口は小型（環状3頭口、カニ目など）のものにする。散布圧は1MPa以下、噴口は上向きにする。一つの株に付いている葉のすべてに薬液がかかることを目標にする。これをより短い時間で行なうには、あらかじめポットが規則正しく並んでいることが望ましい。この散布方法では、本圃10a分の苗（約7000ポット）の散布に数時間を要する上、薬量も多くなる。

生育初期

殺ダニ剤散布で防除する場合、育苗期の防除が確実に実施されていれば、ハダニの発生はまず見られない。うどんこ病などの発生確認などと併せて観察する程度である。実際、この時期には稲刈り、集落の祭り、被覆フィルム張りなどさまざまなイベントが続くのでイチゴをじっくり観察するのも難しい。これらのイベントを安心して終えるためにも、育苗期の防除精度を高くしたい。

生育期・収穫期

育苗期の防除が成功していれば、ハダニの発生は2月中・下旬までは見られない。散布作業をしないことは、生果で食べるイチゴのイメージアップにつながり、施設内の湿度を上げないので病害予防にもなる。しかし、運悪く、寄生していたハダニが薬剤抵抗性系統だった場合には、追加防除が必要になる。カブリダニ製剤による防除に切り替える最後のタイミングは1月上旬（ただし、5月まで収穫することが条件、3月で収穫を終える場合は効果が発揮されるころに収穫終了になる）だろう。育苗期の防除が失敗した場合には11月下旬にはハダニが増加してくるので、殺ダニ剤による防除を継続するのか、カブリダニ製剤に切り替えるのか判断する。

収穫終了後

施設を密閉し、イチゴ株、雑草なども含めて枯れるまで放置する。その後、株を処分する。施設周縁部の雑草は枯れにくいので、ハダニの生存場所になりやすい。太陽熱消毒でもフィルム被覆を逃れることが多い。熱処理で枯れなかった場合には、定植までに除草剤などを処理しておく。

なお、基本的には収穫後の株から次年度用のランナーを取ることは前提としていない。ハダニ以外の病害虫も含めて、次作へと病害虫を継続させてしまう可能性が大きいので、できるだけ避けるようにしたい。

ナス

◆診断のポイント

発生種はカンザワハダニかナミハダニである。露地栽培の場合、定植1ヵ月後および梅雨明け後の晴天が続く時期に増殖してくる。前者は苗による持ち込みが原因である。ただし、ミナミキイロアザミウマに対し、選択性殺虫剤により土着天敵を活用する防除体系を採用している場合には、定植後からヒメハナカメムシやクサカゲロウ、ハネカクシ類などの土着天敵が活動し、ハダニ類の増殖も抑制される場合が多い。一方、天敵に影響が強い薬剤、具体的には有機リン剤、合成ピレスロイド剤、ネオニコチノイド剤などで防除体系を組んでいる場合は、ミナミキイロアザミウマをはじめ、ハダニやアブラムシを捕食してくれる土着天敵の活動が阻害されるため、カンザワハダニ、ナミハダニの発生に注意が必要となる。

ハダニ発生初期は葉表から確認できる白斑が生じる程度だが、やがて、葉裏が褐変するほどの発生量になると葉縁部に糸が張り巡らされ、黄化が進む。著しい場合には落葉に至る。

◆防除の実際

圃場管理

水田を利用した転換畑の場合、周辺からのハダニ侵入の可能性は低い。圃場に隣接してスイカなど、ナス栽培期間中に収穫されてしまう作物が栽培されている場合、そこからの歩行侵入の可能性がある。

播種時・定植時

自家育苗の場合、育苗中に周辺からハダニが歩行侵入してくる可能性がある。接ぎ木後の養生時も含め、株が混み合った状態が続くので、育苗中の防除は難しい。ただ、カンザワハダニの場合、全ステージに効果がある殺ダニ剤はいずれも高い効果を有しているので、確実に葉裏に付着させれば、十分な防除効果が期待できる。

また、定植時にスピロテトラマト水和剤（モベントフロアブル）を灌注する方法もある。本剤は殺ダニ効果がある薬剤の中で浸透移行性が期待できる剤で、定植時に使用する場合には、ヒメハナカメムシ類などの土着天敵への影響も小さいので、土着天敵を活用する防除体系にもうまく適合する。

生育初期

定植時に苗でハダニを持ち込んだ場合、雨が少ないと、急増する場合がある。生育が芳しくない株は、葉裏を観察するなどして早めの発見に努める。施設栽培の場合、20℃以上ならば常に増殖できるので注意する。

生育期・収穫期

ナスは生育期間が長く、大きく枝を伸ばしていく。ハダニ防除に限らず、役目を終えた下葉は薬剤散布の邪魔になるので早めに除去する。7月までの収量増を狙って整枝を控える場合もあるが、葉が混み合った部分は薬液到達が悪い。梅雨明けまでに整枝をしておく。

草丈が高く、主枝を広げる樹形になるため、均一な散布は難しい。葉裏を狙うが、環状7~10頭口や2頭口の広角ノズルなど、ある程度、散布幅が大きい噴口を使用する。噴口は斜め上向き~上向きを意識し、噴口が主枝をトレースしていくように散布竿を動かす。このときに急いで散布竿を上下させるのでなく、株元に噴口を差し込み、一呼吸置いてから主枝を追いかけていき、再び株元に戻して次の主枝を追いかける、というような動きのイメージになる。現実的にはハダニ防除だけを行なう散布は少なく、ミナミキイロアザミウマの殺虫剤や殺菌剤などとタンク混用することが多い。こうなると、主枝先端部では手首を返して噴口が上から下向きになるようにし、新芽の中に薬液を到達させる動き、主枝間に挟まれた懐枝にも薬液がかかるように、しばらく間を置くなど、いっそう複雑な動作が要求される。

収穫終了後

カンザワハダニが多発した場合には支柱などの資材で成虫が越冬する可能性はあるが、転換畑で次年度は新しい圃場で栽培する場合、越冬したハダニが動き出すころには、まだナスは定植されていないので大きな問題にはならない。

トマト・ミニトマト

◆診断のポイント

通常の栽培ではハダニによる被害はまれである。発生するのは、促成栽培イチゴ後のトマトという作型で、イチゴ終了後、残渣をすき込み、ただちにトマト苗を定植する場合などに限られる。ハダニが発生していたイチゴ株をハダニごとすき込み、その後定植されたトマトにハダニが上がってくる場合である。ロータリー耕耘1回程度ではハダニは物理的につぶれないので、定植までの間隔を取るなどして回避したい。

ミツユビツメハダニによる被害もある。大規模な発生例は聞いたことがないが、家庭菜園など小規模な栽培の場合に、圃場周辺にワルナスビなどのナス科雑草があると、そこに寄生していたミツユビツメハダニがトマトに移動する可能性がある。

むしろ、近年増加しているのはホコリダニやサビダニによる被害である。この背景は明らかではないが、トマト栽培で使用される薬剤が変遷し、これらのダニに副次的に効果があった薬剤が使用されなくなったことなどが考えられる。

◆防除の実際

圃場管理

上述のようにハダニによる被害発生は限られた場合なので、これに該当しないような管理をすればよい。

播種時・定植時

自家育苗の場合、育苗施設内にワルナスビ、イヌホオズキなどのナス科雑草がないか確認し、除草しておく。また、ハダニ発生源からの歩行侵入による被害はあり得るので注意する。

生育期・収穫期

もともとハダニが好む作物ではないので、特別な場合を除いて、この時期まで問題になることはない。

スイカ・メロン

◆診断のポイント

施設、トンネル栽培のスイカではカンザワハダニ、ナミハダニの発生に警戒する。多くの場合は育苗中の苗にハダニが寄生しており、それが定植により本圃に持ち込まれる。ただ、カンザワハダニは定植後に周辺の作物から移動してくる場合もあるので、周辺の品目での発生状況に注意が必要である。ハダニの直接観察か、葉表に生じる白斑を頼りに発生を確認する。摘心後のつる整理の際などを利用して観察するとよい。

スイカ・メロンともに、地這い栽培では茎葉が繁茂してからでは直接観察でのハダニの早期発見は困難である。

◆防除の実際

圃場管理

ハダニ防除だけを考えるなら、地這いではなく、立体栽培に変更することが望ましい。地這い栽培の場合は、以下に述べる育苗期の灌注処理＋本圃初期の葉枚数の少ない時期の防除徹底で対応する。

また、徐々にではあるが、スイカやメロンでも天敵製剤の利用が拡大している。ワタアブラムシやミカンキイロアザミウマなどウイルス媒介害虫の制御という大きな課題があるだけに天敵利用に踏み出すのは勇気がいる。普及指導員など現地指導者と相談し、総合的な対応を考える。

播種時・定植時

育苗中のカンザワハダニの寄生を前提とした殺ダニ剤による防除体系を進める上では、スピロテトラマト水和剤（モベントフロアブル）の育苗後半の灌注処理なども検討するとよい。これだけで完全な防除というわけにはいかないが、密度低下が見込めるし、灌注処理は付着むらがないので効果が安定する。ただし、ポットやトレイに使用する用土は、水はけがよすぎると灌注した薬剤が一気に流れ出てしまい、効果は低くなるので注意する。

生育初期

地這い栽培で殺ダニ剤を葉裏に付着させるのは摘心後のわずかな期間にしかできない。殺ダニ剤散布を行なう場合は、この時期に高い防除効果を確保するように努める。少しでも散布時期が遅れると殺ダニ剤散布にとって厳しい条件になっていく。具体的にはトンネル栽培のフィルムを支える弓(支柱)が散布竿の邪魔になるし、広い栽培うねが茎葉に埋めつくされ、茎葉を気にしながら通路を歩くことになるなど、悪条件が重なる。葉裏に薬液を付着させるには、茎葉が繁茂する前に低い散布圧でゆっくり散布することが重要になる。長い散布竿にスズラン噴口を付けて圧力を高めて広い範囲を一気に散布しようという了見では、とても均一な付着は望めない。噴口は上向きで1株ずつ、ゆっくりと噴口が株のまわりを1周するように散布する。

なお、殺菌剤の定期的な散布は避けられないので、天敵を利用する場合には、これらの殺菌剤との相性を検討する。

生育期・収穫期

ウイルス病発生が懸念される地域ではアザミウマ防除が中心となり、ハダニ防除は二の次になる。まずは、ウイルス病発生の有無に最大限注意を払う。発生が確認された場合はただちに抜き取る。

収穫終了後

アザミウマの持ち出しを防ぐ意味でも、施設を密閉し、蒸し込んで完全に作物を枯らせてしまう。

アスパラガス

◆診断のポイント

前作の枯れ枝の中などでカンザワハダニが越冬し、これが次年の発生源になる。発生した施設では、枯れた株を割いてみて、内部にオレンジ色~赤色のカンザワハダニが集団越冬していないか探してみる。

◆防除の実際

圃場管理

露地栽培では問題になることはほとんどない。ハウスでの立茎栽培で、立茎が完成した後にカンザワハダニの発生が問題となる。ただ、この状態で防除するのは難しい。ハダニは立茎内に寄生しており、散布薬液を立茎内に届かせることができないからだ。やみくもに散布圧を上げても効果はあまり期待できない。そうなる前の対応で切り抜けるようにしたい。結論は、収穫終了後の残渣処理の徹底にある。元から絶たなきゃダメ!

播種時・定植時

定植後、収穫までには期間があるので、この間はできるだけ殺虫剤や殺ダニ剤の使用を控え、土着天敵が侵入できる環境を整える。

生育初期

若茎が出始めるころには、ネギアザミウマ防除が主体となる。若茎へのハダニの寄生がないか注意する。

生育期・収穫期

立茎が完成すると、殺ダニ剤を均一に散布するのは難しい。このような条件でもこれまでハダニ密度抑制ができている場合は、対象のハダニの殺ダニ剤感受性が高い状態であると考えられる。この状態が継続できるならば大きな問題にはならない。ただ、ハダニが増加し、落葉するような状態に毎年至るようならば、カブリダニ製剤による防除を検討する。

収穫終了後

立茎が枯れたら、株元から切除し、ハウス外に持ち出して、可能ならば焼却処分する。残った切り株や残渣は、必ずマルチ除去後に火炎放射器などで焼却する。マルチがある状態では、マルチが燃えるのを警戒して、残渣を確実に焼却することはできない。

バラ

◆診断のポイント

発生種はナミハダニである。葉に生じる吸汁痕の白斑を探す。ただし、アーチング栽培のように炭酸同化作用専用の枝が折り重なっている場合は、発見が難しい。出荷される切り花部分の葉にハダニが発生した場合、必ず、その下の同化枝に発生箇所がある。また、ベンチの両端、加温機のそばなども発生が多いので、注意して観察する。

バラ施設内でのハダニの移動距離は極めて短いことがわかっているので、小規模な発生スポットを見つけ、こまめに防除していく。

◆防除の実際

圃場管理

多くの施設で殺ダニ剤散布による防除が行なわれているが、一部、カブリダニ製剤による防除に取り組んでいる産地もある。全国的にはロックウールなどでの養液栽培がほとんどで、ヒートポンプなども備えている場合には、施設内がいっそう乾燥しやすいので、ハダニの発生には好都合となる。

採花をパート従業員に任せている場合、採花時にハダニの発生に気づく機会は少ない。経営者自身が採花している場合、発見は早い。このような点一つとっても圃場ごとの発生状況が大きく異なるので、自分の施設での発生傾向を把握することに努める。

各種殺ダニ剤に対する感受性の傾向も圃場ごとにまったく異なるので、インターネットなどで得られる効果情報は参考程度にとどめるほうがよい。

播種時・定植時

定植は数年に一度の改植の機会しかなく、しかも専門の業者から苗を購入することになる。苗生産業者もハダニ防除に苦慮しているので、到着した苗に薬剤感受性が低下したハダニが寄生している可能性がある。可能なら購入業者から育苗期に使用した殺ダニ剤のリストを入手しておき、どの薬剤ならまだ効果があるか聞いておくとよい。

生育初期

定植から採花までの間は数少ないハダニ防除のチャンスである。効果の高い薬剤を葉裏にかかるように散布し、根絶を目指したい。

生育期・収穫期

採花が軌道に乗ってからの栽培環境で殺ダニ剤による完全な密度抑制は事実上困難と言わざるを得ない。各種殺ダニ剤に感受性が低下した個体群が多い上、同化専用枝が混み合い、通路を歩くことすら困難な状態である。しかし、産地にはこのような環境下でもある程度ハダニ密度を抑制できている農家がいるので、彼らの取り組みから学ぶべきことが多い。

まず、同化専用枝まで完全にハダニを防除しようと考えるのではなく、商品となる切り花部分にハダニが上がってこなければよい、という発想で守るべき部分を明確にしている人が多い。また、薬害のリスクはあるが、気門封鎖剤を活用している人もいる。バラには他の作物で使用できないペンタック水和剤が使用できるので、作用機構の異なる剤として輪用にうまく組み込めると低密度を維持しやすくなる。

収穫終了後

改植前には前作の残渣はていねいに処分し、施設内の雑草も除去しておく。

キク

◆診断のポイント

発生種はナミハダニで、バラ同様に各種殺ダニ剤に感受性が低下した個体群が多い。挿し芽やかき芽など栄養繁殖で増やすキクの栽培体系に便乗してハダニも移動していく（38ページの図I-3参照）。つまり、キクのハダニはキクで育つ。

実際の診断にあたっては、寄生するハダニの直接観察になるが、緑色の葉裏の毛の隙間に潜むナミハダニを肉眼で観察するのは容易ではない。間接的な観察としてハダニの吸汁によって生じる葉の白斑を探す方法もあるが、品種により葉の厚みや毛の多さなどの違いが大きく、品種間差がある。寄生数が多くなると、葉裏は淡い褐色のような色になるが、茎葉が混み合うキク栽培においては、これを頼りにハダニの発生場所を見つけるのも困難な場合が多い。共同選花場に出荷して、選花落ちして初めてハダニの発生に気がついたという笑えない話もある。

寄生する植物の範囲が広いナミハダニだが、他の作物に寄生していたナミハダニをキクの葉に乗せても、なかなか定着・増殖できない。この原因は明らかではないが、他の作物から歩行移動などによりキクに侵入する可能性は低いと考えてよい。

◆防除の実際

圃場管理

露地での小ギク栽培か、施設での輪ギク栽培、ポットマムなどの鉢花栽培かによってハダニの発生時期や程度は異なる。殺ダニ剤散布による防除を基本とする場合、育苗圃での管理が大きな防除上のポイントとなる。

全国的なナミハダニの薬剤感受性低下を考えると、カブリダニ類を利用した防除も検討すべきだが、観賞対象となる切り花、鉢花では葉も商品で、許容される加害程度は極めて低いため、防除体系はまだ確立されていない。参考になるのは、施設ではイチゴでのカブリダニ製剤利用体系（Ⅲ章）、露地ではリンゴでの土着天敵利用体系（Ⅳ章）である。他の害虫に使用する殺虫剤、白さび病など病害対策の殺菌剤が土着カブリダニ類やカブリダニ製剤に及ぼす影響を確認し、影響が大きい薬剤は代替防除手段を検討する。オオタバコガなどのネット被覆による物理的防除、差し穂の温湯消毒による白さび病防除、圃場周辺の環境改善による土着天敵の増強などが検討できる。

播種時・定植時

活着直後では、苗が小さすぎ、地面に接触している葉もあることから、かえって殺ダニ剤を付着させにくい。この時期は健全な生育に努める。

生育初期

葉枚数の少ない時期（差し穂が活着し、摘心後、茎整理をするころ）に、効果が期待できる殺ダニ剤を確実に葉裏へ付着させることに全力を傾ける。経営規模が大きい農家ではスケジュール散布にならざるを得ない場合もあると思われるが、噴口の向きや散布圧を下げるなど、できるだけ付着向上に努める。

定植後のキクでは、このタイミングが殺ダニ剤散布での防除の最後のチャンスになる。よく産地で議論になるが、一部の農家はこの時期、二条植えであっても、うねの片側からしか散布しない。これでは葉裏への付着は期待できない。面倒は承知の上で、この時期だからこそ株の両側から散布する。散布薬量を鑑み、散布圧は低く抑え、小さめの噴口を用いる。

生育期・収穫期

残っているハダニを増やさない管理に努める。露地でのキク栽培の場合、10ａに1万～1万５０００本の株が植えられる。摘心して3本に仕立てると3万～4万５０００本の茎が立っていることになる。1本の茎に50～70枚の葉があるとすると１５０万～３１５万枚。これだけの葉にどうやって均一に薬剤を散布するのか、という現実的な問題を考えなければならない。薬液の粒子が大きく、株の奥まで粒子の到達が期待できる広角噴口などを利用する。少し散布圧は高めにする。

栽培期間が長く、登録のある殺ダニ剤のうち、効果が期待できる薬剤だけでは定期的な散布での輪用が成立しない可能性もある。この場合は気門封鎖剤を活用するが、散布時の気温やキクの状態などで薬害の可能性もあるので注意する。

収穫終了後

キク生育後半にハダニが急増した圃場では、周辺の雑草にハダニが分散してしまう。圃場周辺の生態系が多様な地域ならば、これら分散したハダニは翌春までに土着天敵により捕食されてしまうので問題にはならない。

収穫終了後の株にはハダニが残る。親株に残ったハダニは成虫で越冬する。この際、体内の色素を増やして凍りにくくするため、全身がオレンジ色になる。収穫後の株を翌年の差し穂を採る親株として使用する場合、極力、農薬を散布しない管理に努める。農薬散布しない期間が1～2ヵ月を超えれば、土着カブリダニ類などが侵入してきて、ハダニを捕食してくれる。この期間にまで殺虫剤、殺ダニ剤を使ってしまうと、土着カブリダニ類が収穫後の株に近づかなくなり、翌春、シュート伸長時には先端の葉までハダニが寄生した状態になるので注意する。

リンゴ

◆診断のポイント

主な発生種は、ナミハダニとリンゴハダニの2種である。両種の形態の違いは明確で、被害症状も異なり、肉眼でも容易に区別できる。

【リンゴハダニ】

越冬卵は3～5年枝の芽の周辺、枝の分岐点、表皮のしわの部分、芽の基部などに産まれている。前年に収穫した果実のがくあ部に多数の越冬卵が付着していた場合は、当年の越冬卵量も多く、とくに発生初期には要注意である。越冬卵の孵化は展葉期から始まり落花期には終了する。幼虫は最初に花そうの基部葉（まめ葉）に寄生するので、落花直後にこの部位をルーペなどで観察して発生量を把握する。花そう基部葉表面の葉緑素が抜けて、カスリ状に白くなっている場合は多発生である。

【ナミハダニ】

初期の寄生部位は、主幹や太枝から生じた徒長枝の基部葉などで、4月下旬からこれら部位の葉裏をルーペなどで定期的に観察する。寄生が始まると、これら部位の葉裏が葉脈を中心にカスリ状に白くなる。越冬成虫はオレンジ色をしているので肉眼でも発見しやすい。一方、新成虫、幼若虫、卵は半透明で見えにくいので見落とさないよう注意する。

◆防除の実際

【リンゴハダニ対策】

休眠期のマシン油乳剤による防除は初期の発生量を減らす上で極めて効果的である。落花直後は越冬卵から孵化した幼虫が出揃っており、殺ダニ剤散布の防除効果が高い。その後、6～8月が主な増殖期だが、9～10月に再び急増する場合もある。発生は樹冠の内側の枝および葉裏に多いので、これらの部分に十分に薬液がかかるように散布する。

発生初期

越冬卵が多い場合は、休眠期に粗皮削りを行ない、発芽前にマシン油乳剤を必ず散布する。落花直後に花そう基部葉に寄生が見られる場合は、殺ダニ剤も散布する。なお、落花直後はナミハダニの発生が少ないので、リンゴハダニだけに有効な剤でよい。

発生増加期

発生は園内の一部の樹から始まり、全体に広がることが多い。風通しの悪い樹の内側から多くなるので、よく観察して発生状況を把握する。発生が多くなると葉表に多数の成虫が見られるようになる。1葉当たり成虫が5頭以上なら早めの防除が必要で、1葉当たり成虫3頭前後が防除適期である。ナミハダニが混発する場合は、同時防除できる薬剤を選択する。

効果の判定

休眠期のマシン油乳剤散布では、越冬卵がツヤを失って不透明になり、内部の赤色の胚が固まって空間ができる。開花始めころに孵化が観察されなければ効果があったと判定できる。速効性の高い剤は1～2日で成若幼虫が死亡するが、遅行的な剤では数日かかる場合もある。7～10日後に生存虫が観察されなければ効果があったと判定できる。

【ナミハダニ対策】

発生初期を見逃さず、高密度になる前に先手を打って防除する。この本の読者には普及指導員や営農指導員の方もいるかもしれないので、参考までに薬剤散布の目安を示すと、寄生葉率30％（50枚見て15枚にハダニがいる）または1葉当たりの寄生虫数3頭である。多くの農家にとって直接ハダニを数えることは難しいと思う。葉の変色など、ハダニ寄生のサインが見つかれば薬剤散布スタートのサインと考えよう。ナミハダニは薬剤抵抗性が発達しやすいので、薬剤のローテーション使用を行ない、系統や作用点が同一の薬剤は年1回の使用に限定する。主に葉裏に寄生するので、薬液が葉の裏側までよく付着するよう、十分量を散布する。不要な徒長枝は早めに除去し、薬剤の付着効率を高める。多発しやすい条件である高温・乾燥の気象が続く場合は発生動向に十分に注意する。

発生初期

例年、6月中旬までの発生は少なく、梅雨期の発生は降雨の影響で一般には少ない。しかし、空梅雨の年には発生が多くなるので、6月でも発生動向に十分注意する。

発生増加期

被害初期の葉は葉脈に沿って葉緑素が抜け、被害が進むと葉全体が緑色を失い、褐色になる。被害は新梢の上位葉に広がるとともに、樹全体にも広がっていく。このような場合は早急に速効性がある殺ダニ剤を散布する。

効果の判定

多くの殺ダニ剤では散布後数日で成若幼虫が減ってくる。とくに速効性が高い剤では1～2日で死亡が観察されるが、遅行的な剤では数日かかる場合もある。殺卵効果があれば卵はツヤを失ってしなびてくる。殺ダニ剤の散布後7～10日に生存虫が観察されなければ効果があったと判定できる。また、散布後、伸長新梢の先端葉に退色や褐変が見られなくなれば効果があったとみなしてよい。

◆天敵の利用

岩手県のリンゴ園で行なわれたミヤコカブリダニ製剤を利用したハダニ防除の事例を紹介する。

放飼方法

ミヤコカブリダニ吊り下げ型パック製剤（スパイカルプラス®）を10a当たり100パック（1樹当たり2パック）の割合で、直射日光の当たる場所を避けて、ハダニ類が初発しやすい樹冠内側の葉陰になる枝に吊り下げる。

薬剤散布

交信かく乱剤（コンフューザーR®）を設置し、殺虫剤の散布回数を削減する。

効果

カブリダニ製剤を放飼したリンゴでは、ハダニ類は放飼15日後をピークに減少した。放飼樹には土着カブリダニも発生した。カブリダニの1葉当たり平均発生数は放飼15日後に5頭、35日後に10頭で、多数観察された。

ナシ

◆診断のポイント

主な発生種はクワオオハダニ、リンゴハダニ、ナミハダニ、カンザワハダニの4種である。クワオオハダニとリンゴハダニ、ナミハダニ（赤色型）とカンザワハダニの形態と被害症状はそれぞれ類似する。

初期の被害は、葉の葉緑素が点々と抜けて色褪せる。ナシグンバイによる被害と似るが、ハダニの被害痕のほうが細かい。カンザワハダニとナミハダニは集合性が強く、主に葉裏や変形葉のくぼみに網を張って寄生するため、被害は葉の一部に集中的に葉緑素が抜けた状態で現われる。一方、リンゴハダニとクワオオハダニは、幼若期には葉裏に多いものの、成虫は葉の両面に寄生する。集合性が弱く、被害は葉全体にカスリ状を呈し、主脈沿いや葉縁から現われることが多い。いずれも被害が著しくなると、葉は褐色～黒変して落葉する。

◆防除の実際

マシン油乳剤の散布、粗皮削り、誘

引縄の交換、誘引バンドの利用により越冬密度を低下させる。越冬期の防除により、春から夏にかけてのハダニ密度を低く維持でき、薬剤散布回数の削減につながる。

発生初期の防除が決め手となる。ハダニ類は年に10世代以上の発生を繰り返し、短期間で増加するので多発前に防除する。参考までに薬剤散布の目安を示しておく。1葉当たり雌成虫密度1〜2頭、寄生葉率20〜40%（50枚見て10〜20枚にハダニがいる）が防除の目安である。ナシ園に入っての作業中にハダニの発生に気づいたら、それが発生初期だ。園ごとに毎年あの辺りからハダニが増え始めるな、という場所は見当がついている場合が多い。そのような場所は重点的にマークしよう。

薬剤抵抗性が発達しやすいので、薬剤のローテーション使用を行ない、系統や作用点が同一の薬剤は年1回の使用に限定する。主に葉裏に寄生するので、薬液が葉の裏側までよく付着するよう、十分量を散布する。殺ダニ剤散布はスピードスプレーヤーや手散布で行なう。

施設栽培では露地より早くから発生する。とくに早出し用ハウス、トンネル栽培では生育初期から気温が高いため、露地よりも発生が早いので注意する。フィルムの被覆期間は2〜3ヵ月だが、気温が高く閉鎖的な環境となるのでハダニの近親交配が起こりやすく抵抗性が発達しやすい。殺ダニ剤の効果は、発生種や地域の抵抗性の発達状況によって異なるため、最新の情報収集に基づいて殺ダニ剤を選択する。

発生初期

発生初期は、果樹園外周部の樹冠内の主幹に近い枝を重点に、ハダニの寄生の有無を注意深く観察する。これらの果そう葉や徒長枝基部葉の裏側をルーペで観察すると、主脈沿いに寄生後間もない成虫が観察され、初発確認の目安となる。

発生増加期

越冬量の多い年はナシのりんぼう脱落期から注意する。前にも書いたが、殺ダニ剤散布のタイミングは成虫密度が1葉当たり平均1〜2頭、寄生葉率20〜40%の時期である。もし、これを調べるなら、園内を対角線に歩き、1地点でナシ葉を2〜3葉選び、ルーペで葉上のハダニ成虫を数える。園全体で50葉程度を調べ、寄生葉率を算出して防除時期を判定することになる。なかなかここまで数えられる人は少ないと思うが、観察眼の鋭い人なら挑戦してみるのもおもしろいかもしれない。ハダニに混じって土着天敵も発見できるからだ。自分の園が、今の防除体系でどの程度、土着天敵を呼び込めるかを知るきっかけになる。

初期防除が不十分な場合や殺ダニ剤の効果が得られなかった場合は、ハダニが急速に増加する。早急に殺ダニ剤を散布する必要がある。多発時や激発時には効果の高い殺ダニ剤を散布しても、密度回復が早い場合もある。殺ダニ剤は散布むらに注意して十分量を散布するとともに、散布後も園内をよく観察し、散布後7～10日に再度密度が増加する場合は追加散布を行なう。

効果の判定

成虫に対する効果は、散布後2～4日の生死により判定する。殺卵効果は、夏期では散布後7～10日の幼若虫の発生状況で判断する。総合的には、散布後1週間ならびに2週間目の生息虫数により判断する。ただし、殺ダニ剤によって、殺卵、殺虫効果や残効などそれぞれ作用特性が異なるので、散布薬剤の特徴に応じて効果の判定を行なう。

◆天敵の利用

福島県のナシ園で行なわれた土着カブリダニによるハダニ防除の事例を紹介する。

方法

カブリダニに影響が小さい選択性殺虫剤を主体とした防除体系を実施する。また、下草のカブリダニを保護するため、シロクローバーとアップルミントを導入する（シロクローバーはⅣ章、アップルミントはモモの項を参照）。

効果

カブリダニ5種（ケナガカブリダニ、コウズケカブリダニ、ニセラーゴカブリダニ、フツウカブリダニ、ミヤコカブリダニ）が発生し、殺ダニ剤を散布しなくともクワオオハダニの発生が抑制された。

モモ

◆診断のポイント

主な発生種はクワオオハダニ、リンゴハダニ、ナミハダニ、カンザワハダニの4種である。カンザワハダニとナミハダニは主に葉の裏側に、クワオオハダニとリンゴハダニは葉の両面に寄生する。カンザワハダニとナミハダニは、発生初期には越冬場所から移動した成虫が、主枝に近い側枝の葉の葉脈間に1頭あるいは2～3頭集まって葉を吸汁する。早く発芽した葉に寄生しやすいので、発生状況の把握には基葉近くの葉を観察するとよい。加害痕は小さな白点として現われ、寄生部位は葉表側にやや窪むことが多い。

例年、被害は6月中旬ころから観察され、6月下旬~7月上旬には目立ち始める。多発すると葉の主脈沿いや全面に白斑が生じる。クワオオハダニとリンゴハダニの吸汁痕は白い斑点ないしカスリ状を呈し、ひどい場合は葉が枯死し落葉する。

◆防除の実際

越冬は下草内、落葉の下、樹皮の粗皮下などで行なわれるので、誘殺バンドの設置、園内の清掃、下草管理、マシン油乳剤の散布などは越冬密度を下げる効果が高い。モモ樹上での発生は梅雨明け後から増加するので、この時期の防除が重要になる。殺ダニ剤は、薬液が樹冠内まで十分に付着するよう、不要な徒長枝などを剪除する。高温乾燥時には増加しやすいので、そのような気象が続く場合は急増に注意する。

発生初期

発生は主幹部に近い徒長枝などの葉から始まり、しだいに樹全体に広がる。これら部位の葉をルーペなどで観察すると、葉の中肋などの寄生部位にはカスリ状の白変が観察される。寄生密度が低い時期は殺ダニ剤の防除効果が高く、発生初期の防除は、とくに重要である。

発生増加期

殺ダニ剤の残効期間は剤によって異なるが、おおよその目安は30日程度である。殺ダニ剤散布後、定期的に寄生状況を観察し、ハダニが増加している場合は再び散布を行なう。ハダニは薬剤抵抗性が発達しやすいので、薬剤のローテーション使用を行ない、系統や作用点が同一の薬剤は年1回の使用に限定する。

効果の判定

殺ダニ剤散布の4~5日後に葉をよく観察し、成虫数が10%以下に減少した場合は効果があったと判定する。

◆天敵の利用

福島県で行なわれているアップルミントを利用した土着カブリダニ強化事例を紹介する。

アップルミントの導入方法

アップルミントのポット植え付けは4月中旬ころに行なう。ポットは容積が8ℓの9号ポットを使用する。植え付け方法は、ポットの4分の1程度の大きさに株分けしたものをポットの中心に植え付ける。設置場所はモモの樹幹下とし、5月下旬までに設置する。ポットの数は成木1樹当たり4ポットを目安とする。アップルミントは設置後そのまま維持する。着色管理のためにシルバーシートを利用する場合は、アップルミントのポットの脇に敷設する。下草管理は、除草剤を使用せず、適宜機械除草を実施し、草丈を10cm程度残すような高刈りとする。

薬剤散布

IGR剤を主体とした選択性殺虫剤散布の防除体系を行なう。

効果

モモ園に導入したアップルミントでは、カブリダニ8種（フツウカブリダニ、ケナガカブリダニ、ミヤコカブリダニ、コウズケカブリダニ、ニセラーゴカブリダニ、ミチノクカブリダニ、マクワカブリダニ、ケブトカブリダニ）が観察され、土着カブリダニが温存された。

注意事項

ポット植えのアップルミントはモモの樹幹下に設置する。モモ樹幹下にアップルミントを置いた場合と果樹園外の花壇にアップルミントを置いた場合、アップルミントにカブリダニが高い密度で温存される。しかし、アップルミントは繁殖力が強く、モモ若木の樹幹下にアップルミントを植え付けた場合に樹勢の低下が見られたことから、導入にはポットを利用するのが望ましい。また、アップルミントは5月に乾燥が続くと、衰弱または枯死する可能性があることから、降雨がない場合に限り、適宜灌水を行なう。

ブドウ

◆診断のポイント

主な発生種はカンザワハダニとナミハダニの2種である。以前はカンザワハダニが優占種だったが、最近はナミハダニが加温栽培を中心に増加している。

露地栽培では被害はほとんど問題とならないが、施設栽培のように高温・低湿度の条件下では多発する。トンネル被覆栽培でも多発することがある。展葉直後の軟弱な葉には成虫が集まりやすく、被害の発生も早い。被害葉は、葉脈間が退色褐変し、この部分の生育が阻害されるため、葉がやや萎縮する。早期に展葉した元葉から被害が進行しやすく、被害の激しい葉はモザイク状に黄褐変し、しだいに枯れ上がってくる。多発すると葉の裏側にはハダニが多数観察され、クモの巣状に細い糸が張り巡らされる。被害の激しい場合は同化機能が低下し、さらに早期落葉して枝の充実や翌年の生育にも影響する。葉の被害が多発すると、ハダニは果実も加害し、果粒表面に小さな淡褐色の斑点がソバカス状に現われる。

◆防除の実際

成虫の越冬はブドウの粗皮下の枝や誘引縄の中などで行なわれ、これが初期の発生源となるので、冬期に粗皮剥ぎを行ない、越冬明けの成虫を対象にした発芽直前の防除を徹底する。カンザワハダニ、ナミハダニとも6～7月ころと9～10月ころに多発しやすい。薬剤抵抗性を獲得しやすいため、同一薬剤は年1回の使用を原則とする。

ハダニが寄生しやすい作物（ナス、インゲンマメ、キュウリなど）を施設付近で栽培しない。施設栽培は高温・低湿度のためハダニが多発しやすく、多発・常発地に準じた措置が必要である。露地栽培でもハダニの発生が見られることがあるが、密度はそれほど上がらないので急いで防除せず、様子を見て1葉当たり成虫数が5～6頭以上になれば殺ダニ剤を散布する。

発生初期

展葉直後の軟弱な葉に成虫が集まりやすく、被害の発生も早い。被害の症状は、葉脈間が退色褐変し、この部分の生育が阻害されるため、葉がやや萎縮する。越冬明け成虫の防除がその後の発生量を左右するので、発芽前の防除は必ず行なう。果実が硬核期に入ってからの薬剤散布は、無袋栽培品種では薬液によって果粒が汚れやすいので、果房を避けて散布する。

発生増加期

ハダニの増加とともに、早期の寄生葉を中心に被害が局部的に現われる。このような症状が多数観察された場合、ハダニの寄生密度は高いので、殺ダニ剤を早急に散布する。ただし、残効性が劣るので、5～7日間隔で2回の連続使用が望ましい。収穫後も発生が著しく多い場合は越冬密度を下げるために殺ダニ剤を散布する。

効果の判定

殺ダニ剤散布7～10日後に、数ヵ所の被害葉の葉裏をルーペなどで観察し、生存虫が観察されなければ効果があったと判定できる。

◆天敵の利用

ハウス栽培ブドウ園において、島根県と大阪府で行なわれているミヤコカブリダニ製剤を利用したハダニ防除の事例を紹介する。

【島根県の周年被覆栽培】

放飼方法

ミヤコカブリダニ製剤（スパイカルEX®）は商品到着後、速やかに放飼する。放飼は開花から2回目ジベレリン処理後の間に2回行なう。容器中でミヤコカブリダニが偏在していることが多いので、容器を横にしてゆっくりと回転させて均一にしてから放飼する。放飼量は10ａ当たり125㎖で、放飼用資材（コーヒーフィルターやお茶パックなどを利用）に小分けする（5㎖程度）。小分けした天敵を直射日光の当たらないブドウ枝間に配置する（50～60ヵ所を目安とするが、うまく分けられない場合は設置箇所が少なくなっても圃場全体に放飼する）。そのとき、天敵が移動しやすくするために放飼用資材はきつくしめつけない。

効果

カブリダニ製剤を放飼したブドウでは、ハダニの増加に伴ってミヤコカブリダニの増殖が見られ、一部ではハダニが増加したものの、収穫期までハダニの増加を抑制した。放飼後、ミヤコカブリダニが確認（1頭以上／100葉）できれば定着していると考えられる。

注意事項

カブリダニ製剤の放飼は周年被覆栽培では1回目ジベレリン処理前にハダニ、アザミウマを対象に化学農薬を補完散布した後、実施する。放飼後はハダニとカブリダニの発生状況を継続的に観察することが重要である。

【大阪府のハウスブドウ】

製剤の特徴

ミヤコカブリダニ製剤にはパック剤とボトル剤がある。パック剤はボトル剤と比較して放飼時の作業も省力でき、防除効果も優れる。パック剤の防除効果が優れる理由としては、カブリダニがパック内に生息するため、作物上のハダニ類や花粉など餌不足、施設内の温度低下、薬剤散布、摘葉・摘心作業によるカブリダニの施設外への持ち出しなどの影響を受けにくいことがあげられる。

放飼方法

ミヤコカブリダニパック製剤（スパイカルプラス®）を10ａ当たり100パックの割合でハウス内に均一になるように亜主枝に吊り下げた。

効果

カブリダニ製剤を放飼したブドウでは、放飼64日後までカンザワハダニが認められなかった。

注意事項

カンザワハダニが加温機や温風ダクト吹き出し口周辺の高温乾燥になる場所で多発するため、その付近に多めに放飼する。

カンキツ

◆診断のポイント

雌成虫の体色が赤色のミカンハダニ、カンザワハダニ、ナミハダニ、白色のコウノシロハダニ、ミヤケハダニが発生するが、通常問題となるのはミカンハダニである。ミカンハダニは葉や果実にほぼ均一に分布し、吸汁した部分が点状に白くなる。1年以上経過した葉は全体が白く見える程度まで加害される（写真Ⅵ-1）と落葉が助長され、若い葉の構成比が高くなるが、短期的な影響は小さい。着色前の果実の被害は着色とともに目立たなくなるため実害はないが、着色後の果実が加害されると全体が白っぽくなり外観が悪くなる（写真Ⅵ-2）。

カンザワハダニ、ナミハダニは葉裏の一部に集中して寄生する結果、葉の寄生部位の変形や黄変を引き起こす。下草に発生していた個体が除草後に樹上に移動して一時的な被害が出ることがある。

◆防除の実際

ミカンハダニによる樹体への悪影響をなくすためには、理論的には年間を通して1葉当たりの雌成虫密度を3～4頭（春期～夏期の要防除密度：これ以上になったら防除しないと被害が出るハダニの数）以下に維持する必要があることがわかっている。また、果実の被害を防ぐには着色期以降は1葉当たり1頭（秋期の要防除密度）以下にする必要があり、貯蔵する品種の場合には収穫前に、さらに低い密度にする必要がある。普及指導員や営農指導員などがこれらの数字を調べて防除指導に活用している。本種は薬剤感受性が低下しやすいことから、作用機構に基づく分類（巻末の農薬表）を参考にし、同一系統の薬剤の連用を避ける。マシン油乳剤や土着天敵を効果的に活用することで、殺ダニ剤散布が不可欠な時期の効果を持続させていく必要もある。

冬期～春期

ミカンハダニは非休眠性であるため、すべてのステージ（卵～成虫）がカンキツの樹上で越冬する。冬期でも暖かい日は活動し、春期の早い時期から繁殖が始まる。この時期は土着天敵の効果は期待できないことから、マシン油乳剤などによる防除が必要である。秋期の密度が高かった場合は越冬密度が高くなると考えられるので、収穫後～3月下旬（発芽前まで）にマシン油乳剤（97％）50倍を散布する。ただし、厳寒期（1月下旬～2月）の散布は、花芽分化など樹体への影響が懸念されることから控える。越冬密度が低い場合でも、気温の上昇に伴ってミカンハダニが増加するので、発芽後の4月中下旬にマシン油乳剤100倍を散布する。冬期または春期のマシン油散布により6月ころまでの増加を抑えることが可能である。

夏期

6～8月は土着天敵を保護することにより、殺ダニ剤散布を減らしながらミカンハダニを要防除密度以下に維持できる。慣行防除園における土着天敵の主要種はミヤコカブリダニ（写真Ⅵ-3）であり、ダニヒメテントウ類（写真Ⅵ-4）やケシハネカクシ類（写真Ⅵ-5）などが発生する場合もある。黒点病防除のためのジチオカーバメート系殺菌剤の散布が行なわれない有機栽培園などではニセラーゴカブリダニ（写真Ⅵ-6）やコウズケカブリダニ（写真Ⅵ-7）が発生し、ミカンハダニを低密度に維持している。

写真Ⅵ-1　ミカンハダニに吸汁加害された葉（M）

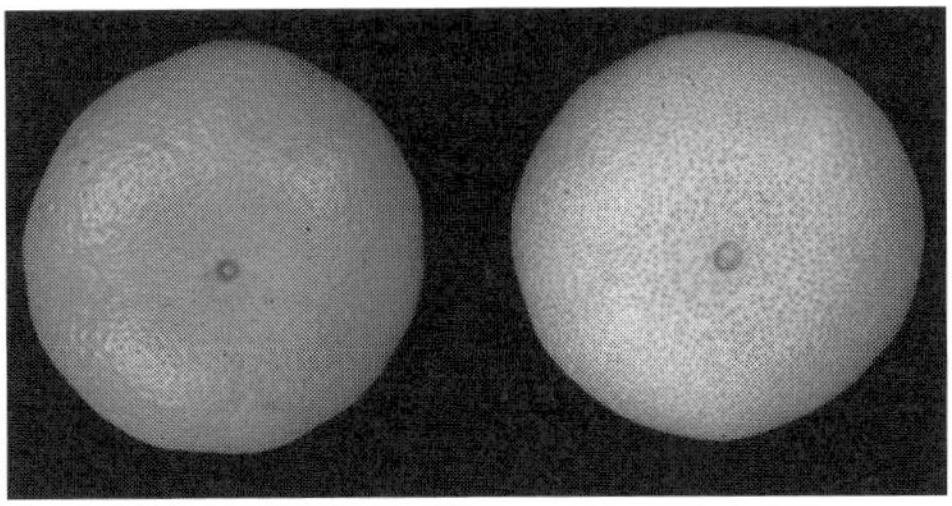

写真Ⅵ-2　ミカンハダニの吸汁による果実の着色不良（右）（M）

写真Ⅵ-3　ミヤコカブリダニ（M）

土着天敵を保護するには、後述する天敵に影響が小さい薬剤の選択と、植生管理により天敵の発生を助長させる二つ方法がある。土着天敵の発生種や発生時期は園地ごとに異なる傾向があるため、管理対象のカ

写真Ⅵ-5　ケシハネカクシ類の成虫（左）と幼虫（右）（M）

写真Ⅵ-4　ダニヒメテントウ類の成虫（左）と幼虫（右）（M）

写真Ⅵ-7　コウズケカブリダニ（M）

写真Ⅵ-6　ニセラーゴカブリダニ（M）

ンキツ園における発生種を確認した上で対策を立てる。夏期にミカンハダニが多発した場合は殺ダニ剤の散布が必要となるが、カブリダニなどに影響のない薬剤を選択することにより密度抑制効果が高まる。

秋期

着色期以降に加害された果実は着色不良となり、商品価値が著しく低下することから、着色期前に殺ダニ剤を散布する。散布時期は品種によって異なり、8月中下旬から10月となる。

◆天敵の利用

薬剤の選択

土着天敵を有効活用するためには、これらが主に活動する6〜9月に使用する農薬の選択が重要なポイントとなる。アザミウマ類、カメムシ類、カイガラムシ類、ミカンサビダニなどの多様な害虫を防除する際には、各種薬剤

表Ⅵ-1　ミカンハダニの土着天敵に対する殺虫剤・殺ダニ剤の影響（室内試験）

殺虫剤・殺ダニ剤		ミヤコカブリダニ		ダニヒメテントウ類
IRACコード	商品名	成虫	若虫～卵	幼虫
1A	オリオン	±～+	−～±	++
1B	スプラサイド、エルサン	±	−	++
2B	キラップ			−
3A	テルスター、ロディーなど	−	−	++
4A	アドマイヤー、モスピランなど	−～±	−～±	+～++
	スタークル、ベストガード	−	−	±
5	スピノエース	−	−～±	±
6	コロマイト	−	−	
10A	ニッソラン	−	−	
10B	バロック	−	++	
12B	オサダン	−	−	
12C	オマイト	−	−	
13	コテツ	++	−～++	−
15	カスケード、マッチ	−	−	+
16	アプロード	−	−	±
20B	カネマイト	−	−	
20D	マイトコーネ	−	−～±	
21A	サンマイト、ハチハチ	++	++	++
23	ダニエモン	−	−	

注　薬剤の影響　−：小さい（死亡率30％未満），±：やや影響あり（30％以上80％未満），
+：影響あり（80％以上99％未満），++：影響大きい（99％以上）
片山ら（2012），増井（2010）より作成
コテツは圃場に散布した場合，ミヤコカブリダニの密度を低下させないことを確認している

の天敵への影響（表Ⅵ-1）を参考に薬剤の選択を行なう。土着天敵の中でミヤコカブリダニは多くの薬剤に対して影響を受けにくく、一部の薬剤の使用を控えることで保護が可能である。その一方で、ダニヒメテントウ類は殺虫剤の影響を受けやすく、ケシハネカクシ類も同様と考えられるので、これらの天敵を保護するためには、薬剤の選択を慎重に行なう必要がある。

ナギナタガヤ草生

ミヤコカブリダニは同一地域内でも発生量に園地間差が見られ、夏期の発生が遅れる場合にはミカンハダニに対する効果が不十分となる。このカブリダニはカンキツの樹上では越冬せず、下草などで越冬している。土壌流亡防止などの目的で使用されるナギナタガヤの草生栽培（写真Ⅵ-8）を行なうと、園内でのミヤコカブリダニの越冬密度を高め、カンキツ樹上の発生時期を早

	1～3月	4月	5月	6月	7月	8月	9月	10月	11月	12月
カンキツ生育ステージ		発芽	開花	果実肥大期				成熟期		
ミカンハダニ基本防除	マシン油↓	マシン油↓					殺ダニ剤↓			
土着天敵活動時期				← ミヤコカブリダニ → ← ダニヒメテントウ類 → ← ケシハネカクシ類 →						
土着天敵保護				← 天敵に影響のない薬剤の選択 →						
ナギナタガヤ草生	草生	出穂・枯死		敷きわら状			播種		草生	

図Ⅵ-1　土着天敵を活用したミカンハダニ防除スケジュールの基本

写真Ⅵ-8　ミヤコカブリダニの越冬密度を高めるナギナタガヤ草生栽培（5月）（M）

められる。ナギナタガヤは9～10月に播種すると数週間で発芽し、冬期は草生の状態となり、ミヤコカブリダニはここで越冬する。翌年5月の出穂するころにミヤコカブリダニが増殖し、6月にナギナタガヤが枯死すると、ミヤコカブリダニが樹上に移動する。

露地栽培の防除体系

これまで述べてきた基本的な対策を時期別に示すと図Ⅵ-1のようになる。病害虫の発生は年次変動が見られることから、発生に合わせて臨機に対策を加える。

施設栽培における防除の考え方

施設栽培ではミカンハダニが恒常的に発生し、薬剤感受性の問題も深刻なため、マシン油乳剤や市販の天敵製剤を有効活用する。マシン油の使用は開花期前後と収穫後の2回のタイミングがある。開花期のマシン油散布後20～30日にスワルスキーカブリダニを放飼することで、ミカンハダニを低密度に維持できる。本天敵を使用する場合には天敵製剤のメーカーから提供されている情報を参考に、天敵に影響のない薬剤を選択する。果実着色期前にはミカンハダニの発生に対応して殺ダニ剤を散布する。

チャ

◆診断のポイント

チャに寄生するハダニ類は、カンザワハダニ、コウノアケハダニ、チビコブツメハダニ、チャノヒメハダニ、マンゴーツメハダニが知られているが、一般管理茶園ではカンザワハダニのみが発生し、防除対象となっている。本種は茶農家から俗に「赤ダニ」と呼ばれる赤褐色（雌成虫）のハダニで、成葉では葉の黄化や落葉、新葉では白斑や萎縮・枯死などの被害が発生する。

チャノヒメハダニは有機栽培園などでまれに発生するが、被害が問題となることは少ない。また、本種はカンザワハダニより小型で扁平した形態をしているので、カンザワハダニとの識別は比較的容易である。南方系のマンゴーツメハダニは奄美大島以南の琉球列島で見られ、雌成虫の形態や体色（赤）はカンザワハダニと似ているが、カンザワハダニが葉裏に寄生するのに対して、マンゴーツメハダニは葉表にも寄生する。

カンザワハダニは雌成虫で越冬し、休眠する。休眠中は体色が赤褐色から鮮やかな朱色に変化して産卵を停止する。例年2月上旬ころから休眠から目覚めて、産卵を始める。ただし、近年は暖冬の影響で休眠率の低い年があり、厳冬期でも卵や幼虫が見られる場合がある。

越冬中は南面などのすその葉裏に集まっているが、春になると気温の上昇とともに摘採面へ移動・分散する。主に春に産卵された卵から孵化した第1世代が一番茶の新芽に移動し、一番茶芽を加害する（写真Ⅵ-9）。また、その次世代（第2世代）は一番茶摘採残葉などで増殖し、5月下旬～6月にかけて二番茶芽を加害する。7～8月の夏期は一旦密度が大きく減少するが、やや涼しくなる8月中旬ころから、再

写真Ⅵ-9　カンザワハダニによる一番茶芽の被害（O）

び増殖することがある。静岡県では、5月下旬～6月上旬の大きなピークと8月下旬～9月上旬の小さなピークを持つ年1～2山型の発生パターンを示すことが多い（図Ⅵ-2）。

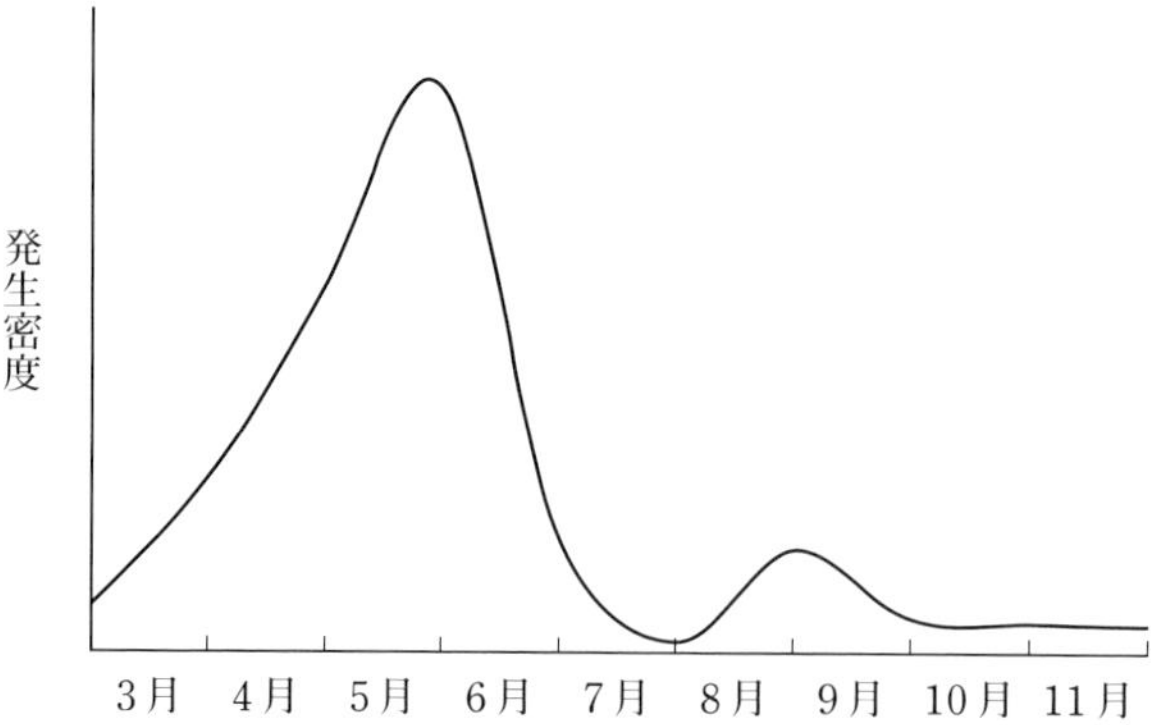

図Ⅵ-2　カンザワハダニの近年の年間発生消長パターン（静岡県の茶園）

◆防除の実際

圃場管理

圃場近傍に寄生できる雑草がある場合には除草するが、永年性常緑樹であるチャでは、基本的には同じ圃場内で個体群が継続的に累代維持されていると考えられる。ただし、隣接園が一番茶後に更新（せん枝）された場合には、切り落とされた寄生葉から隣接園へ移動・侵入することも考えられるので、隣接園で多発しているような場合には注意する。

すそ刈りは、基本的には防除後に実施したほうがよい（落とした葉からのハダニの移動を防ぐため）。また、二番茶摘採後に炭疽病対策などで浅刈り（深い整枝）をして葉層を薄くした場合には夏場に乾燥しやすくなるため、8月以降の発生が多くなる可能性があるので注意する。

一番茶前の防除

越冬密度は一番茶芽の被害発生の有無に直結するため、休眠明けの2月ころの密度の把握が重要である。目のいい農家は、実際に葉をめくって観察してみよう。この時期の寄生葉率が2%（100枚見て2枚にハダニがいる）を超えるようならば、越冬雌成虫が産下した卵および孵化幼虫を対象に3月上中旬に防除を実施する、という目安がわかるからだ。

この時期の剤としては、エトキサゾール水和剤など卵や幼虫に活性が高く、比較的残効の長い薬剤が適する。3月の防除で密度を十分に抑制できなかった場合には、摘採前日数の短いシフルメトフェン水和剤などを追加散布する。

二番茶前の防除

例年、二番茶萌芽前後の5月中下旬ころが密度のピークとなるので、成虫にも活性の高いミルベメクチン乳剤などを散布する。一方、この時期になると土着天敵のケナガカブリダニなどのカブリダニ類の活動も活発になり、結果的に防除が不要になる場合も多いので、天敵の発生状況にも注意して防除の要否を判断する。

一番茶摘採後の5月中旬ころに寄生葉率が40％を超える場合には、カブリダニの効果が十分に期待できないので防除を実施したほうがよい。例年6月に入ると梅雨入りとともにカブリダニ類が急増し、6月10日前後には自然増殖したカブリダニがハダニを食べつくしてしまい、二番茶葉にハダニの被害が発生しないこともある。そのため、5月下旬～6月にかけて使用する殺虫剤は、カブリダニ類に影響の強い非選択性殺虫剤は避ける。

気象要因によっても発生量は大きく影響され、この時期に低温と乾燥（少雨）が続くと、カブリダニ類が十分に増えずにハダニの増殖を許し、二番茶で被害が発生することもあるので、気象条件にも注意して防除の要否を判断する。

なお、近年、全国の茶園で外来種のチリカブリダニが自然発生するようになり、チリカブリダニの発生が見られるとハダニの終息も早いようである。

秋芽生育期の防除

8月の盆過ぎころから、チラチラとカンザワハダニの発生が見られるようになる。とくに、一番茶摘採後に中切り更新（剪枝）した園では、この時期の発生が目立ちやすい。更新によって風通しがよくなったことで乾燥しやすく、また葉層の除去（更新）によって一旦、天敵類が排除されたためと考えられる。

発生が極端に多い場合には、秋芽に被害が発生することもあるので、天敵類に影響の少ない殺ダニ剤を散布する。ただし、9月に入ると雨が多くなり湿度も高まってカブリダニ類が再び増殖し始め、9月中旬ころにはハダニを押さえ込んでしまうことが多いため、防除は必ずしも必要ではない。なお、秋冬番茶を刈り捨てる場合には防除は不要である。

越冬前（秋整枝後）の防除

以前は秋整枝後に越冬ダニを対象とした防除が実施されることも多かったが、近年は経費の削減やこの時期のハダニ密度が低いことから現場では省かれることが多くなった。

なお、秋整枝後のマシン油乳剤の散布は、カンザワハダニだけでなくチャトゲコナジラミとの同時防除も可能である。

作物別 農薬表

＊収録した農薬情報は2018年10月現在。
農薬使用時には、必ず最新の農薬登録をご確認ください。
表中のIRACコードは殺虫剤の作用機構分類（49ページ参照）。

〈収録品目〉

農薬表　本文

野菜類

IRACコード	商品名	一般名	使用倍率・量	使用時期	回数	使用方法	適用・備考
—*1	エコピタ液剤	還元澱粉糖化物液剤	100倍・100～300ℓ/10a	収穫前日まで	—	散布	ハダニ類
	サンクリスタル乳剤	脂肪酸グリセリド乳剤	300～600倍・150～500ℓ/10a	収穫前日まで	—	散布	ハダニ類
	ムシラップ	ソルビタン脂肪酸エステル乳剤	500倍・100～300ℓ/10a	収穫前日まで	—	散布	ハダニ類
	粘着くん液剤	デンプン液剤	100倍・150～300ℓ/10a	収穫前日まで	—	散布	ハダニ類
	アカリタッチ乳剤	プロピレングリコールモノ脂肪酸エステル乳剤	1000～3000倍・100～400ℓ/10a	収穫前日まで	—	散布	ハダニ類
	サフオイル乳剤	調合油乳剤	300～500倍・100～500ℓ/10a	収穫前日まで	—	散布	ハダニ類
—*2	スパイデックス／チリカワーカー	チリカブリダニ剤	約2000～6000頭/10a	発生初期	—	放飼	施設栽培:ハダニ類
	チリトップ	チリカブリダニ剤	6000頭/10a	発生初期	—	放飼	施設栽培:ハダニ類
	石原チリカブリ	チリカブリダニ剤	4000～6000頭/10a	発生初期	—	放飼	施設栽培:ハダニ類
	システムミヤコくん	ミヤコカブリダニ剤	50～100パック/10a	発生直前～発生初期	—	放飼	施設栽培:ハダニ類
	スパイカルEX	ミヤコカブリダニ剤	約2000～6000頭/10a	発生初期	—	放飼	施設栽培:ハダニ類
	スパイカルプラス	ミヤコカブリダニ剤	40～120パック/10a	発生初期	—	茎や枝等に吊り下げて放飼	施設栽培:ハダニ類
	ミヤコトップ	ミヤコカブリダニ剤	約2000～6000頭/10a	発生初期	—	放飼	施設栽培:ハダニ類

＊1:気門封鎖剤
＊2:生物農薬

イチゴ

IRACコード	商品名	一般名	使用倍率・量	使用時期	回数	使用方法	適用・備考
1B	トクチオン乳剤	プロチオホス乳剤	1000倍・100～300ℓ/10a	収穫75日前まで	3回以内	散布	ハダニ類:使用時期に注意
6	コロマイト水和剤	ミルベメクチン水和剤	2000倍・100～300ℓ/10a	収穫前日まで	2回以内	散布	ハダニ類
	コロマイト乳剤	ミルベメクチン乳剤	1000～1500倍・100～300ℓ/10a	仮植前まで	2回以内	散布	ハダニ類
	アファーム乳剤	エマメクチン安息香酸塩乳剤	2000倍・100～300ℓ/10a	収穫前日まで	2回以内	散布	ハダニ類
20B	カネマイトフロアブル	アセキノシル水和剤	1000～1500倍・150～300ℓ/10a	収穫前日まで	1回	散布	ハダニ類:薬害注意
20D	マイトコーネフロアブル	ビフェナゼート水和剤	1000倍・100～300ℓ/10a	収穫前日まで	2回以内	散布	ハダニ類
23	モベントフロアブル	スピロテトラマト水和剤	500倍・50mℓ/株	育苗期後半	1回	灌注	ハダニ類
25A	スターマイトフロアブル	シエノピラフェン水和剤	2000倍・100～300ℓ/10a	収穫前日まで	2回以内	散布	ハダニ類:ナミハダニで効果低下事例多い
	ダニサラバフロアブル	シフルメトフェン水和剤	1000倍・100～350ℓ/10a	収穫前日まで	2回以内	散布	ハダニ類:ナミハダニで効果低下事例多い
25B	ダニコングフロアブル	ピフルブミド水和剤	3000倍・100～300ℓ/10a	収穫前日まで	1回	散布	ハダニ類:ナミハダニで効果低下事例多い

ナス

IRACコード	商品名	一般名	使用倍率・量	使用時期	回数	使用方法	適用・備考
6	アグリメック	アバメクチン乳剤	500～1000倍・100～300ℓ/10a	収穫前日まで	3回以内	散布	ハダニ類
	コロマイト水和剤	ミルベメクチン水和剤	2000倍・100～300ℓ/10a	収穫前日まで	2回以内	散布	ハダニ類
	コロマイト乳剤	ミルベメクチン乳剤	1500倍・100～300ℓ/10a	収穫前日まで	2回以内	散布	ハダニ類
	アファーム乳剤	エマメクチン安息香酸塩乳剤	2000倍・100～300ℓ/10a	収穫前日まで	2回以内	散布	ハダニ類
20B	カネマイトフロアブル	アセキノシル水和剤	1000～1500倍・150～300ℓ/10a	収穫前日まで	1回	散布	ハダニ類
20D	マイトコーネフロアブル	ビフェナゼート水和剤	1000倍・100～300ℓ/10a	収穫前日まで	1回	散布	ハダニ類
23	モベントフロアブル	スピロテトラマト水和剤	500倍・50mℓ/株	育苗期後半	1回	灌注	ハダニ類
	モベントフロアブル	スピロテトラマト水和剤	2000倍・100～300ℓ/10a	収穫前日まで	3回以内	散布	ハダニ類
25A	スターマイトフロアブル	シエノピラフェン水和剤	2000倍・100～300ℓ/10a	収穫前日まで	1回以内	散布	ハダニ類
	ダニサラバフロアブル	シフルメトフェン水和剤	1000倍・100～350ℓ/10a	収穫前日まで	2回以内	散布	ハダニ類

トマト

IRACコード	商品名	一般名	使用倍率・量	使用時期	回数	使用方法	適用・備考
13	コテツフロアブル	クロルフェナピル水和剤	2000倍・100～300ℓ/10a	収穫前日まで	2回以内	散布	ナミハダニ
20D	マイトコーネフロアブル	ビフェナゼート水和剤	1000倍・100～300ℓ/10a	収穫前日まで	1回	散布	ハダニ類

ミニトマト

IRACコード	商品名	一般名	使用倍率・量	使用時期	回数	使用方法	適用・備考
13	コテツフロアブル	クロルフェナピル水和剤	2000倍・100～300ℓ/10a	収穫前日まで	2回以内	散布	ナミハダニ
20D	マイトコーネフロアブル	ビフェナゼート水和剤	1000倍・100～300ℓ/10a	収穫前日まで	1回	散布	ハダニ類

スイカ

IRACコード	商品名	一般名	使用倍率・量	使用時期	回数	使用方法	適用・備考
3A	アーデント水和剤	アクリナトリン水和剤	1000倍・150〜300ℓ/10a	収穫前日まで	5回以内	散布	ハダニ類
	テルスター水和剤	ビフェントリン水和剤	1000倍・150〜300ℓ/10a	収穫前日まで	4回以内	散布	ハダニ類
6	アグリメック	アバメクチン乳剤	500〜1000倍・100〜300ℓ/10a	収穫前日まで	3回以内	散布	ハダニ類
	コロマイト水和剤	ミルベメクチン水和剤	2000倍・100〜300ℓ/10a	収穫7日前まで	2回以内	散布	ハダニ類
	コロマイト乳剤	ミルベメクチン乳剤	1000倍・100〜300ℓ/10a	収穫7日前まで	2回以内	散布	ハダニ類
12D	テデオン乳剤	テトラジホン乳剤	500〜1000倍・—	収穫7日前まで	2回以内	散布	ハダニ類
20B	カネマイトフロアブル	アセキノシル水和剤	1000〜1500倍・150〜300ℓ/10a	収穫前日まで	1回	散布	ハダニ類
20D	マイトコーネフロアブル	ビフェナゼート水和剤	1000倍・100〜300ℓ/10a	収穫前日まで	1回	散布	ハダニ類
23	モベントフロアブル	スピロテトラマト水和剤	500倍・50mℓ/株	育苗期後半	1回	灌注	ハダニ類
	モベントフロアブル	スピロテトラマト水和剤	2000倍・100〜300ℓ/10a	収穫前日まで	3回以内	散布	ハダニ類
25A	スターマイトフロアブル	シエノピラフェン水和剤	2000倍・100〜300ℓ/10a	収穫前日まで	1回	散布	ハダニ類
	ダニサラバフロアブル	シフルメトフェン水和剤	1000倍・100〜350ℓ/10a	収穫前日まで	2回以内	散布	ハダニ類
25B・21A	ダブルフェースフロアブル	ピフルブミド・フェンピロキシメート水和剤	2000倍・100〜300ℓ/10a	収穫前日まで	1回	散布	ハダニ類

メロン

IRACコード	商品名	一般名	使用倍率・量	使用時期	回数	使用方法	適用・備考
6	アグリメック	アバメクチン乳剤	500〜1000倍・100〜300ℓ/10a	収穫前日まで	3回以内	散布	ハダニ類
	コロマイト水和剤	ミルベメクチン水和剤	2000倍・100〜300ℓ/10a	収穫前日まで	2回以内	散布	ハダニ類
	コロマイト乳剤	ミルベメクチン乳剤	1000倍・100〜300ℓ/10a	収穫前日まで	2回以内	散布	ハダニ類
20B	カネマイトフロアブル	アセキノシル水和剤	1000〜1500倍・150〜300ℓ/10a	収穫前日まで	1回	散布	ハダニ類
20D	マイトコーネフロアブル	ビフェナゼート水和剤	1000倍・100〜300ℓ/10a	収穫前日まで	1回	散布	ハダニ類
23	モベントフロアブル	スピロテトラマト水和剤	500倍・50mℓ/株	育苗期後半	1回	灌注	ハダニ類
	モベントフロアブル	スピロテトラマト水和剤	2000倍・100〜300ℓ/10a	収穫前日まで	3回以内	散布	ハダニ類
25A	スターマイトフロアブル	シエノピラフェン水和剤	2000倍・100〜300ℓ/10a	収穫前日まで	1回	散布	ハダニ類
	ダニサラバフロアブル	シフルメトフェン水和剤	1000倍・100〜350ℓ/10a	収穫前日まで	2回以内	散布	ハダニ類
25B・21A	ダブルフェースフロアブル	ピフルブミド・フェンピロキシメート水和剤	2000倍・100〜300ℓ/10a	収穫前日まで	1回	散布	ハダニ類

アスパラガス

IRACコード	商品名	一般名	使用倍率・量	使用時期	回数	使用方法	適用・備考
6	コロマイト乳剤	ミルベメクチン乳剤	1000倍・ 100〜300ℓ/10a	収穫前日まで	2回以内	散布	ハダニ類
13	コテツフロアブル	クロルフェナピル水和剤	2000倍・ 100〜300ℓ/10a	収穫前日まで	2回以内	散布	ハダニ類

バラ

IRACコード	商品名	一般名	使用倍率・量	使用時期	回数	使用方法	適用・備考
6	コロマイト水和剤	ミルベメクチン水和剤	2000倍・ 100〜300ℓ/10a	発生初期	2回以内	散布	ハダニ類
	アグリメック	アバメクチン乳剤	500倍・ 100〜300ℓ/10a	発生初期	5回以内	散布	花き類・観葉植物（ガーベラを除く）：ハダニ類
2A	ペンタック水和剤	ジエノクロル水和剤	1000〜1500倍・—	—	—	散布	施設栽培：ハダニ類
—*1	エコピタ液剤	還元澱粉糖化物液剤	100倍・ 100〜300ℓ/10a	発生初期	—	散布	花き類・観葉植物：ハダニ類
	粘着くん液剤	デンプン液剤	100倍・ 150〜300ℓ/10a	発生初期	—	散布	花き類・観葉植物：ハダニ類

＊1：気門封鎖剤

キク

IRACコード	商品名	一般名	使用倍率・量	使用時期	回数	使用方法	適用・備考
6	コロマイト水和剤	ミルベメクチン水和剤	2000倍・ 100〜300ℓ/10a	発生初期	2回以内	散布	ハダニ類
	コロマイト乳剤	ミルベメクチン乳剤	1500倍・ 100〜300ℓ/10a	—	2回以内	散布	ハダニ類
	アグリメック	アバメクチン乳剤	500倍・ 100〜300ℓ/10a	発生初期	5回以内	散布	花き類・観葉植物（ガーベラを除く）：ハダニ類
20B	カネマイトフロアブル	アセキノシル水和剤	1000〜1500倍・ 150〜300ℓ/10a	発生初期	1回	散布	ハダニ類
20D	マイトコーネフロアブル	ビフェナゼート水和剤	1000倍・ 100〜300ℓ/10a	開花前まで	1回以内	散布	ナミハダニ
—*1	エコピタ液剤	還元澱粉糖化物液剤	100倍・ 100〜300ℓ/10a	発生初期	—	散布	花き類・観葉植物：ハダニ類
	粘着くん液剤	デンプン液剤	100倍・ 150〜300ℓ/10a	発生初期	—	散布	花き類・観葉植物：ハダニ類

＊1：気門封鎖剤

果樹類

IRACコード	商品名	一般名	使用倍率・量	使用時期	回数	使用方法	適用・備考
—*1	アカリタッチ乳剤	プロピレングリコールモノ脂肪酸エステル乳剤	1000〜2000倍・ 200〜700ℓ/10a	収穫前日まで	—	散布	ハダニ類
	粘着くん水和剤	デンプン水和剤	500倍・ 200〜700ℓ/10a	収穫前日まで	—	散布	果樹類（カンキツを除く）：ハダニ類
	粘着くん液剤	デンプン液剤	100倍・ 200〜700ℓ/10a	収穫前日まで	—	散布	モモ：ハダニ類
	粘着くん液剤	デンプン液剤	100倍・ 200〜700ℓ/10a	収穫後〜萌芽前まで	—	散布	カンキツ：ミカンハダニ

＊1：気門封鎖剤

リンゴ

IRACコード	商品名	一般名	使用倍数・量	使用時期	使用回数	使用方法	適用・備考
6	コロマイト乳剤	ミルベメクチン乳剤	1000倍・200～700ℓ/10a	収穫前日まで	1回	散布	ハダニ類
10B	バロックフロアブル	エトキサゾール水和剤	2000倍・200～700ℓ/10a	収穫14日前まで	2回以内	散布	ナミハダニ
	バロックフロアブル	エトキサゾール水和剤	2000～3000倍・200～700ℓ/10a	収穫14日前まで	2回以内	散布	リンゴハダニ
12C	オマイト水和剤	BPPS水和剤	750倍・200～700ℓ/10a	収穫3日前まで	1回	散布	ハダニ類
13	コテツフロアブル	クロルフェナピル水和剤	2000倍・200～700ℓ/10a	収穫前日まで	2回以内	散布	ナミハダニ
20B	カネマイトフロアブル	アセキノシル水和剤	1000～1500倍・200～700ℓ/10a	収穫7日前まで	1回	散布	ナミハダニ、リンゴハダニ
20D	マイトコーネフロアブル	ビフェナゼート水和剤	1000倍・200～700ℓ/10a	収穫前日まで	1回	散布	登録はリンゴハダニ
	マイトコーネフロアブル	ビフェナゼート水和剤	1000～1500倍・200～700ℓ/10a	収穫前日まで	1回	散布	ナミハダニ
21A	サンマイト水和剤	ピリダベン水和剤	1000～1500倍・200～700ℓ/10a	収穫21日前まで	1回	散布	ナミハダニ
	サンマイト水和剤	ピリダベン水和剤	1000～3000倍・200～700ℓ/10a	収穫21日前まで	1回	散布	リンゴハダニ
	ピラニカ水和剤	テブフェンピラド水和剤	1000～2000倍・200～700ℓ/10a	収穫21日前まで	1回	散布	ハダニ類
23	ダニゲッターフロアブル	スピロメシフェン水和剤	2000倍・200～700ℓ/10a	収穫前日まで	1回	散布	ナミハダニ、リンゴハダニ
25A	スターマイトフロアブル	シエノピラフェン水和剤	2000倍・200～700ℓ/10a	収穫前日まで	1回	散布	ハダニ類
	ダニサラバフロアブル	シフルメトフェン水和剤	1000倍・200～700ℓ/10a	収穫前日まで	2回以内	散布	ハダニ類
25B	ダニコングフロアブル	ピフルブミド水和剤	2000倍・200～700ℓ/10a	収穫前日まで	1回	散布	ハダニ類
—*1	スプレーオイル	マシン油乳剤	25～50倍・200～700ℓ/10a	発芽前	—	散布	ハダニ類
	スプレーオイル	マシン油乳剤	50倍・200～700ℓ/10a	芽出し直前直後	—	散布	ハダニ類
	スプレーオイル	マシン油乳剤	100倍・200～700ℓ/10a	展葉期(発芽後2週間まで)	—	散布	ハダニ類
	トモノールS	マシン油乳剤	50倍・200～700ℓ/10a	芽出し直前直後	—	散布	ハダニ類
	トモノールS	マシン油乳剤	100倍・200～700ℓ/10a	展葉期(発芽後2週間まで)	—	散布	ハダニ類
	ハーベストオイル	マシン油乳剤	50～100倍・200～700ℓ/10a	芽出し直前直後	—	散布	ハダニ類
	ハーベストオイル	マシン油乳剤	100倍・200～700ℓ/10a	展葉期(発芽後2週間まで)	—	散布	ハダニ類

＊1：気門封鎖剤

ナシ

IRACコード	商品名	一般名	使用倍数・量	使用時期	使用回数	使用方法	適用・備考
6	コロマイト水和剤	ミルベメクチン水和剤	2000倍・400～700ℓ/10a	収穫前日まで	1回	散布	ハダニ類
10B	バロックフロアブル	エトキサゾール水和剤	2000倍・200～700ℓ/10a	収穫14日前まで	2回以内	散布	ハダニ類
13	コテツフロアブル	クロルフェナピル水和剤	2000～3000倍・200～700ℓ/10a	収穫前日まで	3回以内	散布	ナミハダニ、カンザワハダニ
20B	カネマイトフロアブル	アセキノシル水和剤	1000～1500倍・200～700ℓ/10a	収穫前日まで	1回	散布	ハダニ類
20D	マイトコーネフロアブル	ビフェナゼート水和剤	1000～1500倍・200～700ℓ/10a	収穫前日まで	1回	散布	ハダニ類
21A	ピラニカ水和剤	テブフェンピラド水和剤	1000～2000倍・200～700ℓ/10a	収穫14日前まで	1回	散布	ハダニ類
23	ダニゲッターフロアブル	スピロメシフェン水和剤	2000倍・200～700ℓ/10a	収穫前日まで	1回	散布	ハダニ類
25A	ダニサラバフロアブル	シフルメトフェン水和剤	1000～2000倍・200～700ℓ/10a	収穫前日まで	2回以内	散布	ハダニ類
25B	ダニコングフロアブル	ピフルブミド水和剤	2000倍・200～700ℓ/10a	収穫前日まで	1回	散布	ハダニ類
—*1	ハーベストオイル	マシン油乳剤	50～200倍・200～700ℓ/10a	発芽前	—	散布	ハダニ類
	スプレーオイル	マシン油乳剤	30～200倍・200～700ℓ/10a	発芽前	—	散布	ハダニ類
	トモノールS	マシン油乳剤	25～50倍・200～700ℓ/10a	発芽前	—	散布	ハダニ類

＊1:気門封鎖剤

モモ

IRACコード	商品名	一般名	使用倍数・量	使用時期	使用回数	使用方法	適用・備考
6	コロマイト乳剤	ミルベメクチン乳剤	1000倍・200～700ℓ/10a	収穫7日前まで	1回	散布	ハダニ類
10B	バロックフロアブル	エトキサゾール水和剤	2000倍・200～700ℓ/10a	収穫7日前まで	2回以内	散布	ハダニ類
12C	オマイト水和剤	BPPS水和剤	750倍・200～700ℓ/10a	収穫21日前まで	2回以内	散布	ハダニ類
20B	カネマイトフロアブル	アセキノシル水和剤	1000～1500倍・200～700ℓ/10a	収穫7日前まで	1回	散布	ハダニ類
20D	マイトコーネフロアブル	ビフェナゼート水和剤	1000～1500倍・200～700ℓ/10a	収穫前日まで	1回	散布	ハダニ類
21A	ピラニカ水和剤	テブフェンピラド水和剤	1000～2000倍・200～700ℓ/10a	収穫14日前まで	1回	散布	ハダニ類
	サンマイト水和剤	ピリダベン水和剤	1000～1500倍・200～700ℓ/10a	収穫3日前まで	1回	散布	ハダニ類
23	ダニゲッターフロアブル	スピロメシフェン水和剤	2000倍・200～700ℓ/10a	収穫前日まで	1回	散布	ハダニ類
25A	スターマイトフロアブル	シエノピラフェン水和剤	2000倍・200～700ℓ/10a	収穫前日まで	1回	散布	ハダニ類
	ダニサラバフロアブル	シフルメトフェン水和剤	1000～2000倍・200～700ℓ/10a	収穫前日まで	2回以内	散布	ハダニ類
25B	ダニコングフロアブル	ピフルブミド水和剤	2000倍・200～700ℓ/10a	収穫前日まで	1回	散布	ハダニ類
—*1	スプレーオイル	マシン油乳剤	25～50倍・200～700ℓ/10a	発芽前	—	散布	ハダニ類
	トモノールS	マシン油乳剤	25～50倍・200～700ℓ/10a	発芽前	—	散布	ハダニ類

＊1:気門封鎖剤

ブドウ

IRACコード	商品名	一般名	使用倍数・量	使用時期	使用回数	使用方法	適用・備考
6	コロマイト水和剤	ミルベメクチン水和剤	2000倍・200～700ℓ/10a	収穫７日前まで	2回以内	散布	ハダニ類
10B	バロックフロアブル	エトキサゾール水和剤	2000倍・200～700ℓ/10a	収穫７日前まで	1回	散布	ハダニ類
20B	カネマイトフロアブル	アセキノシル水和剤	1000～1500倍・200～700ℓ/10a	収穫14日前まで	1回	散布	ハダニ類
20D	マイトコーネフロアブル	ビフェナゼート水和剤	1000～1500倍・200～700ℓ/10a	収穫21日前まで	1回	散布	ハダニ類
25A	ダニサラバフロアブル	シフルメトフェン水和剤	1000倍・200～700ℓ/10a	収穫前日まで	2回以内	散布	ハダニ類
	スターマイトフロアブル	シエノピラフェン水和剤	2000倍・200～700ℓ/10a	収穫14日前まで	1回	散布	ハダニ類
25B	ダニコングフロアブル	ピフルブミド水和剤	2000倍・200～700ℓ/10a	収穫前日まで	1回	散布	ハダニ類

カンキツ

IRACコード	商品名	一般名	使用倍数・量	使用時期	使用回数	使用方法	適用・備考
06	コロマイト水和剤	ミルベクチン水和剤	2000倍・500～700ℓ/10a	収穫7日前まで	2回以内	散布	ハダニ類
10A	ニッソラン水和剤	ヘキシチアゾク水和剤	2000～4000倍・200～700ℓ/10a	収穫7日前まで	2回以内	散布	ミカンハダニ
10B	バロックフロアブル	エトキサゾール水和剤	2000～3000倍・200～700ℓ/10a	収穫14日前（ミカンは収穫前日）まで	2回以内	散布	ミカンハダニ
12C	オマイト水和剤	BPPS水和剤	750倍・200～700ℓ/10a	収穫14日前（ミカンは収穫7日前）まで	2回以内	散布	ハダニ類
12D	テデオン乳剤	テトラジホン乳剤	500～1000倍・—	収穫30日前まで	2回以内	散布	ミカンハダニ
20B	カネマイトフロアブル	アセキノシル水和剤	1000～1500倍・200～700ℓ/10a	収穫7日前まで	1回	散布	ミカンハダニ
20D	マイトコーネフロアブル	ビフェナゼート水和剤	1000～1500倍・200～700ℓ/10a	収穫7日前まで	1回	散布	ミカンハダニ
23	ダニエモンフロアブル	スピロジクロフェン水和剤	4000～6000倍・200～700ℓ/10a	収穫7日前まで	1回	散布	ミカンハダニ
	ダニゲッターフロアブル	スピロメシフェン水和剤	2000倍・200～700ℓ/10a	収穫前日まで	1回	散布	ミカンハダニ
25A	スターマイトフロアブル	シエノピラフェン水和剤	2000～3000倍・200～700ℓ/10a	収穫7日前まで	1回	散布	ミカンハダニ
	ダニサラバフロアブル	シフルメトフェン水和剤	1000～2000倍・200～1000ℓ/10a	収穫前日まで	2回以内	散布	ミカンハダニ
25B	ダニコングフロアブル	ピフルブミド水和剤	2000～4000倍・200～700ℓ/10a	収穫前日まで	1回	散布	ミカンハダニ
—*1	スプレーオイル	マシン油乳剤	100～200倍・200～700ℓ/10a	4月～10月	—	散布	ハダニ類
	スプレーオイル	マシン油乳剤	50～80倍・200～700ℓ/10a	12月～3月	—	散布	ハダニ類
	ハーベストオイル	マシン油乳剤	100～150倍・200～700ℓ/10a	4月～5月	—	散布	ミカンハダニ
	ハーベストオイル	マシン油乳剤	150～200倍・200～700ℓ/10a	夏季（6月～7月中旬）	—	散布	ミカンハダニ
	ハーベストオイル	マシン油乳剤	60～80倍・200～700ℓ/10a	冬季（12月～3月）	—	散布	ミカンハダニ
	アタックオイル	マシン油乳剤	100～400倍・200～700ℓ/10a	4月～10月	—	散布	ミカンハダニ
	アタックオイル	マシン油乳剤	60～80倍・200～700ℓ/10a	12月～3月	—	散布	ミカンハダニ

＊1：気門封鎖剤

チャ

IRACコード	商品名	一般名	使用倍数・量	使用時期	使用回数	使用方法	適用・備考
1B	エンセダン乳剤	プロフェノホス乳剤	1000倍・—	最終摘採後～萌芽前まで（ただし、摘採60日前まで）	1回	散布	カンザワハダニ
6	アグリメック	アバメクチン乳剤	1000倍・200～400ℓ/10a	摘採7日前まで	1回	散布	カンザワハダニ
	ミルベノック乳剤	ミルベメクチン乳剤	1000倍・200～400ℓ/10a	摘採7日前まで	1回	散布	カンザワハダニ
10B	バロックフロアブル	エトキサゾール水和剤	1000～3000倍・200～400ℓ/10a	摘採14日前まで	1回	散布	カンザワハダニ
12C	オマイト乳剤	BPPS乳剤	1500～2000倍・—	摘採14日前まで	2回以内	散布	カンザワハダニ
13	コテツフロアブル	クロルフェナピル水和剤	2000倍・200～400ℓ/10a	摘採7日前まで	2回以内	散布	カンザワハダニ
20B	カネマイトフロアブル	アセキノシル水和剤	1000倍・200～400ℓ/10a	摘採7日前まで	1回	散布	カンザワハダニ
20D	マイトコーネフロアブル	ビフェナゼート水和剤	1000倍・200～400ℓ/10a	摘採14日前まで（ただし、遮光する栽培では遮光開始14日前まで）	1回	散布	カンザワハダニ
23	ダニゲッターフロアブル	スピロメシフェン水和剤	2000倍・200～400ℓ/10a	摘採7日前まで	1回	散布	カンザワハダニ
25A	スターマイトフロアブル	シエノピラフェン水和剤	2000倍・200～400ℓ/10a	摘採7日前まで	1回	散布	カンザワハダニ
	ダニサラバフロアブル	シフルメトフェン水和剤	1000～2000倍・200～400ℓ/10a	摘採7日前まで	2回以内	散布	カンザワハダニ
25B	ダニコングフロアブル	ピフルブミド水和剤	2000～4000倍・200～400ℓ/10a	摘採7日前まで	1回	散布	カンザワハダニ
—*1	粘着くん液剤	デンプン液剤	100倍・400ℓ/10a	摘採前日まで	—	散布	カンザワハダニ
—*1	各種マシン油乳剤	マシン油乳剤	剤の銘柄によって異なる	各剤の注意事項を参照	—	散布	ハダニ類

＊1：気門封鎖剤

まとめに代えて――殺ダニ剤に依存しない防除へ

最近の新聞やネットニュースなどで人工知能（ＡＩ）の記事を目にしない日はない。将棋や囲碁のチャンピオンがＡＩに敗れるなど、一昔前のＳＦ映画が現実のものになろうとしている。人工知能を組み込んだロボットならミスはないのかもしれないが、人はそうはいかない。日々失敗だらけの筆者は別格としても、人が判断・行動すると、そこにはミスが忍び寄る。多くの人命を預かる航空機や新幹線などは、高度な訓練を受けた操縦士でもミスをする前提で、二重三重に安全が確保される仕組みが導入されている。

害虫防除にこの考え方を取り入れたのが『ハダニ　おもしろ生態とかしこい防ぎ方』（農文協、１９９３年）の著者、井上雅央博士だ。栽培者は作物が出す情報（葉が黄色い、しおれてきた、など）を眼で観察し、脳で作物などに関する知識と照らし合わせ、その原因を総合的に判断し、具体的な対策を決めて行動に移す、という一連の系を繰り返している。これを「栽培者―圃場系」と呼び、系の各段階（観察、照合、判断、対策行動）に失敗（エラー）が入り込む可能性があると警鐘を鳴らした。「葉が黄色い」という情報に対して、本当はハダニが寄生しているのに、誤って肥料不足と判断し、追肥をしても症状は改善されない。

殺ダニ剤散布をする場合でも、その過程にはさまざまなエラーが入り込んでくる可能性がある。ちょっとやそっとのミスでは結果に悪影響が及ばない、打たれ強い仕組み、誰でもできる仕組みが必要だ。これまでは優秀な殺ダニ剤がカバーしてくれていたが、相手とするハダニが薬剤抵抗性を発達させたことにより、この状況は崩れてきた。殺ダニ剤散布による防除の難しさに目をつぶり、優秀な殺ダニ剤の効果に甘えてきたわれわれ関係者の責任と言わざるを得ない。

本書では、優秀な殺ダニ剤に代わる新しい仕組みとして、ナミハダニ黄緑型に対して天敵活用や物理的防除に活路を見いだそうとした。たとえば、定植前のイチゴ苗を炭酸ガスで処理し、定植後にカブリダニ製剤を導入する方法ならば、誰がやってもハダニ防除はできそうだ。イチゴ苗を大きな袋に入れて炭酸ガスを流し、カブリダニ製剤を振りかけるだけなので、ミスをしそうな場面は一見ないように思われる。また、植生管理＋選択性殺虫剤による土着天敵活用へのシフトも提案した。果樹だけにとどまらず、チャや露地野菜、花き類への展開も期待できる画期的な手法である。

しかし、これらの体系にもエラーが入り込む余地はある。炭酸ガス処理時の気温が低ければ効果は不十分になるし、カブリダニ製剤も振りかけ方一つでカブリダニの落下量が変わってしまう。果樹園の下草の刈り高や刈る時期が土着カブリダニに及ぼす影響や、主役を担うジェネラリストカブリダニに対する殺虫剤などの影響も詳細な検討が必要だ。経験を重ね、エラーに対して少しずつ強くなっていけるかは、関係者が「打たれ強いシステムにしよう」と意識し続けるかどうかにかかっている。

筆者は殺ダニ剤散布が不要になるとは考えていない。今後もハダニ防除の柱であり続けるだろう。ニッソランなどの殺ダニ剤を世に送り出した日本曹達の山本敦博士は、ずいぶん前から薬剤抵抗性管理の重要性を訴え続けている。メーカーではなく、農家が困るからだ。現在、農林水産省でも薬剤抵抗性メカニズムの解明と管理手法の開発に取り組んでいる。さまざまな防除法を組み合わせてハダニ個体数管理ができれば、抵抗性が発達しにくい管理法につながる。殺ダニ剤散布はまだまだ現役でやっていけるはずだ。

害虫防除はさまざまな防除手段の中から、営農条件に合った組み合わせを選択できることが望ましい。生物的防除しかダメとか、物理的防除しかないという状況は、打たれ強さを弱める。殺ダニ剤散布には、これからもがんばり続けてもらわないと困るのだ。

末筆であるが、原稿が締め切りに間に合わず、無駄な抵抗をする筆者をなだめすかして、ここまでたどり着かせてくれた農文協の馬場裕一氏に厚く御礼申し上げる。

２０１８年９月13日

編著者　**國本佳範**

●執筆者一覧

國本佳範（くにもと・よしのり）　奈良県農業研究開発センター
序章、Ⅰ章、Ⅱ章、Ⅲ章、Ⅴ章、Ⅵ章（イチゴ、ナス、トマト・ミニトマト、スイカ・メロン、アスパラガス、バラ、キク）

今村剛士（いまむら・つよし）　奈良県農業研究開発センター
Ⅰ章（4　複雑すぎる薬剤抵抗性）

舟山　健（ふなやま・けん）　秋田県果樹試験場
Ⅳ章、Ⅵ章（リンゴ、ナシ、モモ、ブドウ）

増井伸一（ますい・しんいち）　静岡県農林技術研究所果樹研究センター
Ⅵ章（カンキツ）

小澤朗人（おざわ・あきひと）　静岡県立農林大学校
Ⅵ章（チャ）

＊所属はいずれも執筆時

編著者略歴

國本佳範（くにもと・よしのり）

1964年、兵庫県生まれ。千葉大学大学院修士課程修了。農学博士。奈良県農業試験場（現・奈良県農業研究開発センター）でハダニなどの害虫防除、薬剤の散布方法と防除効果、総合的害虫管理の研究に従事し、総括研究員、病害虫防除所長を経て、現在、同センター研究企画推進課長。日本応用動物昆虫学会、日本ダニ学会、関西病虫害研究会の評議員を務める。共著に『60歳からの防除作業便利帳』（農文協）。

本書の内容には農林水産省委託プロジェクト研究「ゲノム情報等を活用した薬剤抵抗性管理技術の開発（PRM05）」、同No.2112「土着天敵を有効活用した害虫防除システムの開発」、農林水産業・食品産業科学技術研究推進事業No.28022C「土着天敵と天敵製剤〈W天敵〉を用いた果樹の持続的ハダニ防除技術体系の確立」の成果が含まれる。

ハダニ　防除ハンドブック
失敗しない殺ダニ剤と天敵の使い方

2019年 1月15日　第 1 刷発行
2020年 4月30日　第 2 刷発行

編 著 者　國本佳範

発 行 所　一般社団法人　農 山 漁 村 文 化 協 会
〒107-8668　東京都港区赤坂 7 丁目 6 - 1
電話　03(3585)1142（営業）　03(3585)1147（編集）
FAX　03(3585)3668　振替　00120 - 3 - 144478
URL　http://www.ruralnet.or.jp/

ISBN978-4-540-18113-9　DTP製作／㈱農文協プロダクション
〈検印廃止〉　印刷・製本／凸版印刷㈱